普通高等教育应用型本科创新教材

Basic Chemistry
Experiment

基础化学实验

（上册）

解　辉　王彦敏 主　编
董福营　郝秀红 副主编
谭旭翔　李　志

人民交通出版社股份有限公司
China Communications Press Co.,Ltd.

内容提要

本书结合工程类专业的特点、近年来应用型人才培养方式改革和化学实验教学改革的实践编写而成。在实验项目设计上不仅突出基础理论的运用、实验基本技能的训练以及综合能力和创新能力的培养,而且综合型实验部分结合了国家标准和交通运输部行业标准。全书分为六章:第一章实验室基本知识,第二章常用化学实验基本操作,第三章实验数据的记录及计算中的有效数字,第四章基础型实验,第五章综合型实验,第六章创新型实验,共计31个实验。本书在编写过程中,力求去粗取精,减繁就简,将无机化学和分析化学实验内容重新组合,使之融为一体。

本书可作为高等院校的化学实验课教材,供材料、土木工程、水利、港航等服务于我国交通基础设施建设相关专业类的学生使用,也可供相关技术人员参考。

图书在版编目(CIP)数据

基础化学实验. 上册/解辉,王彦敏主编. —北京:人民交通出版社股份有限公司,2018.9
ISBN 978-7-114-14756-2

Ⅰ.①基… Ⅱ.①解… ②王… Ⅲ.①化学实验—高等学校—教材 Ⅳ.①O6-3

中国版本图书馆 CIP 数据核字(2018)第114472号

书　名:	基础化学实验(上册)
著作者:	解　辉　王彦敏
责任编辑:	王　霞　李　坤
责任校对:	孙国靖
责任印制:	张　凯
出版发行:	人民交通出版社股份有限公司
地　址:	(100011)北京市朝阳区安定门外外馆斜街3号
网　址:	http://www.ccpress.com.cn
销售电话:	(010)59757973
总经销:	人民交通出版社股份有限公司发行部
经　销:	各地新华书店
印　刷:	北京虎彩文化传播有限公司
开　本:	787×1092　1/16
印　张:	10
字　数:	216千
版　次:	2018年9月　第1版
印　次:	2018年9月　第1次印刷
书　号:	ISBN 978-7-114-14756-2
定　价:	30.00元

(有印刷、装订质量问题的图书,由本公司负责调换)

前　言

　　化学是一门实验学科,实验是化学的基础。基础化学实验的目标是培养学生掌握化学实验方法和基本操作技能。通过实验使学生加深对化学理论课的基本概念和基础理论的理解,通过对化合物制备、分离、提纯和鉴定方法的掌握,逐步学会准确地观察和分析化学反应现象及处理数据,以树立准确的"量"的概念,进而获得必要的感性认识,验证和巩固所学化学理论知识,以提高学生理论联系实际、分析问题和解决问题的能力。《基础化学实验》分为上、下两册,其内容涵盖"四大化学"(无机化学、有机化学、分析化学和物理化学)的主要实验。《基础化学实验》(上册)主要是无机化学和分析化学部分,内容涵盖了实验室基本知识、常用化学实验基本操作、实验数据的记录及计算中的有效数字、基础型实验、综合型实验和创新型实验。并将无机化学和分析化学实验融为一体。

　　本书编写过程中结合工程类专业的特点、近年来我校(山东交通学院)应用型人才培养方式改革和化学实验教学改革的实践编写而成。在实验项目设计上不仅突出基础理论的运用、实验基本技能的训练以及化学综合和创新能力的培养,而且综合型实验部分,突出了国家标准和交通运输部行业标准,如《公路工程无机结合料稳定材料试验规程》(JTG E51—2009)等的运用,培养学生理论与实际相结合的动手能力和分析能力。与国内外同类教材相比,本书编写过程中还结合了我校材料类专业(材料科学与工程、无机非金属材料工程)的特色,按照满足工程实践能力强、创新能力强的高素质复合型"新工科"人才培养的需求和工程教育专业认证需求,进行基础化学实验内容的编排。山东交通学院材料类专业是材料与交通基础设施建设相结合的交叉学科专业,在实验项目遴选方面认真考虑了学生所需要的知识结构。例如:综合实验部分增加"水泥熟料中二氧化硅含量的测定""石灰中有效氧化钙的测定方法""灰剂量测定""粉煤灰成分的测定"等实验项目,并且结合国家标准和交通运输部行业标准,实现了基础化学基础实验和道路材料相关工程实验的有机结合。

　　本书可作为高等院校的化学实验课教材,供材料、土木工程、水利、港航等服务于我国交通基础设施建设相关专业类的学生使用,也可供相关技术人员参考。本书在编写过程中,力求去粗取精,减繁就简,将无机化学和分析化学实验内容重新组合,使之融为一体。并希望对高等工科院校的基础化学实验教学改革起到一定的支持和促进作用。

　　由于作者水平有限,虽力求完善,缺点和错误也在所难免,敬请同行及读者批评指正。

解辉、王彦敏

目 录

基础知识篇

第一章 实验室基本知识 ... 3
  第一节 化学实验室规则 ... 3
  第二节 实验室安全规则 ... 4
  第三节 实验室"三废"物质的处理 ... 5
  第四节 化学实验室用的纯水 ... 6
  第五节 化学试剂 ... 7

第二章 常用化学实验基本操作 ... 11
  第一节 常用玻璃器皿的洗涤 ... 11
  第二节 仪器的干燥 ... 13
  第三节 试纸的使用 ... 13
  第四节 加热操作 ... 14
  第五节 固体和液体的分离操作 ... 16
  第六节 蒸发和结晶 ... 19
  第七节 电子天平与称量 ... 19
  第八节 移液管、吸量管和容量瓶及其使用 ... 23
  第九节 滴定管及其使用 ... 25

第三章 实验数据的记录及计算中的有效数字 ... 31
  第一节 有效数字 ... 31
  第二节 误差 ... 33

实验内容篇

第四章 基础型实验 ... 37
  实验一 一般溶液的配制 ... 37
  实验二 简单玻璃工操作 ... 38
  实验三 醋酸电离常数和电离度的测定 ... 40

实验四　滴定分析基本操作练习 ………………………………………………………… 41
  实验五　盐酸和氢氧化钠标准溶液的配制方法 ……………………………………… 44
  实验六　混合碱的分析(双指示剂法) ………………………………………………… 47
  实验七　EDTA 标准溶液的配制与标定 ……………………………………………… 49
  实验八　工业用水总硬度的测定 ……………………………………………………… 52
  实验九　高锰酸钾标准溶液的配制与标定 …………………………………………… 54
  实验十　水体化学耗氧量(COD)的测定 ……………………………………………… 56
  实验十一　碘量法测定铜含量 ………………………………………………………… 59
  实验十二　莫尔法测定氯化物中氯的含量 …………………………………………… 62
  实验十三　粉煤灰烧失量的测定 ……………………………………………………… 65
  实验十四　含水量实验 ………………………………………………………………… 67

第五章　综合型实验 ……………………………………………………………………… 75
  实验一　粗食盐的提纯 ………………………………………………………………… 75
  实验二　化学反应速率的测定 ………………………………………………………… 77
  实验三　沉淀平衡 ……………………………………………………………………… 80
  实验四　氧化还原与电化学 …………………………………………………………… 82
  实验五　s 区碱金属和碱土金属 ……………………………………………………… 84
  实验六　卤族元素及化合物性质 ……………………………………………………… 87
  实验七　水泥熟料中二氧化硅含量的测定 …………………………………………… 91
  实验八　石灰中有效氧化钙的测定方法 ……………………………………………… 93
  实验九　石灰中氧化镁的测定方法 …………………………………………………… 97
  实验十　灰剂量测定 …………………………………………………………………… 101
  实验十一　粉煤灰成分的测定 ………………………………………………………… 107
  实验十二　粉煤灰相关成分的测定(氟硅酸钾法) …………………………………… 113
  实验十三　石灰中钙的测定(高锰酸钾法) …………………………………………… 118

第六章　创新型实验 ……………………………………………………………………… 122
  实验一　银氨配离子配位数的测定 …………………………………………………… 122
  实验二　邻二氮菲分光光度法测定铁的含量 ………………………………………… 124
  实验三　常见阴离子混合液的分离与鉴定 …………………………………………… 127
  实验四　常见阳离子的分离与鉴定 …………………………………………………… 129

附录1　常用元素的相对原子质量(2003) ……………………………………………… 131
附录2　常见化合物的相对分子质量 …………………………………………………… 132
附录3　常用酸、碱溶液的近似浓度 …………………………………………………… 135
附录4　难溶电解质的溶度积(298.15K) ……………………………………………… 136
附录5　弱酸和弱碱的电离常数(298.15K) …………………………………………… 138

附录6 常用缓冲溶液的配制 …………………………………………………… 140
附录7 几种常用的酸碱指示剂 ……………………………………………… 143
附录8 混合酸碱指示剂 ……………………………………………………… 144
附录9 标准电极电势(298.15K) …………………………………………… 145
参考文献 ……………………………………………………………………… 151

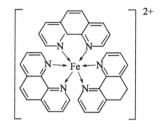

 基础知识篇

第一章 实验室基本知识

第二章 常用化学实验基本操作

第三章 实验数据的记录及计算中的
　　　　有效数字

第一章　实验室基本知识

第一节　化学实验室规则

（1）实验课前必须认真预习，明确实验目的，理解实验原理，熟悉实验步骤，做好实验安排，写好预习报告，对要进行的实验做到心中有数。

（2）遵守实验室纪律，不迟到早退，不无故缺席。

（3）实验前要清点仪器，若发现有破损或缺少，应立即报告老师，按规定手续到实验预备室补领。实验时若有仪器损坏，也需按规定手续领取。未经老师同意，不得拿用别的实验台上的仪器。

（4）保持实验室安静、整洁，做到规范、文明、有序。严格遵守实验操作规程，实验过程中正确操作，细致观察，如实记录，周密思考，并保持实验台台面清洁，仪器排放整齐、有序，不乱扔杂物。火柴杆、废纸屑、废液应投入废液桶或废液池中，严禁投入或倒入水池内，以防水槽或下水管道堵塞或腐蚀。

（5）爱护仪器设备。对不熟悉的仪器设备应仔细阅读操作规程，听从老师指导，切不可随意动手，以防损坏。

（6）注意节约使用试剂、滤纸、纯水、自来水、电、煤气等，避免浪费。

（7）实验记录应如实反映实验的情况。通常应按一定格式用钢笔或圆珠笔书写。原始数据应边做实验边准确地记录在专用的实验记录本上，而不要等到实验结束后再补记，更不要将原始数据记录在草稿本、小纸片或其他随意的地方。记录本应预先编好页码，不应撕毁其中的任何一页。应将实验的名称、日期填写在记录本上。养成实事求是的科学态度，不凭主观意愿删除自己不喜欢的数据，更不得随意涂改。记错的数据，可在数据上轻轻画一道线，将正确的数据记在旁边，切不可乱涂乱改或用橡皮擦拭。任何随意拼凑、杜撰原始数据的做法都是不允许的。

（8）实验结束后，应立即把玻璃器皿洗刷干净，仪器复位，填好使用登记卡，整理好实验台面。并将实验的原始数据交由实验老师检查，经指导老师批准后方可离开。

（9）值日生应认真打扫实验室，关闭水阀、电闸、煤气阀、门、窗后，方可离开实验室。实验室内的一切物品（仪器、药品和实验产物等）不得带离实验室。

（10）实验报告一般应包括以下内容：

①实验项目、日期。

②实验目的、实验原理及主要实验步骤。

③实验数据原始记录。

④数据处理。

⑤思考题解答。

⑥实验的讨论。包括心得体会、存在问题及误差的分析。

第二节　实验室安全规则

(1)不得在实验室内吸烟、进食或喝饮料。

(2)浓酸、浓碱具有强腐蚀性,切勿溅在衣服、皮肤上,尤其勿溅到眼睛里。稀释浓硫酸时,应将浓酸慢慢注入水中,而不能将水向浓硫酸中倾倒,以免迸溅。

(3)自试剂瓶中取用试剂后,应立即盖好试剂瓶盖。绝不可将取出的试剂或试液倒回原试剂瓶或试液储存瓶中,以免污染整瓶试剂或试液。

(4)妥善处理无用的或被污染的试剂,废酸、废碱及固体废弃物应弃于废物缸内,一般水溶性液体用大量水冲入下水道。

(5)汞盐、砷化物、氰化物等剧毒物品,使用时应特别小心。氰化物不能接触酸,否则产生 HCN,剧毒!氰化物废液应倒入碱性亚铁盐溶液中,使其转化为亚铁氰化铁盐,然后直接倒入下水道中。H_2O_2 能腐蚀皮肤。接触过化学药品后,应立即洗手。

(6)将玻璃管、漏斗或温度计插入塞子前,要用水或适当的润滑剂加以润滑,再用毛巾包住玻璃管或温度计插入塞孔。操作时两手不要分开太远,以免将玻璃管折断而划伤手。

(7)闻气味时,应用手小心地把气体或烟雾扇向鼻子。取浓氨水、浓盐酸、浓硝酸、浓硫酸、高氯酸等易挥发、能产生有刺激性或有毒气体的试剂时,应在通风橱内操作;开启瓶盖时,决不可将瓶口对着自己或他人;夏季开启瓶盖时,最好先用冷水冷却;若溶液溅到皮肤或眼内,应立即用大量水冲洗,然后用5%碳酸氢钠溶液(酸腐蚀时采用)或5%硼酸溶液(碱腐蚀时采用)冲洗,最后再用水冲洗。

(8)使用有机溶剂(乙醚、乙醇、丙酮、苯等)时,存放和使用时必须远离明火,取用完毕后应立即盖紧瓶塞和瓶盖。

(9)下列实验应在通风橱内进行:

①制备或反应产生具有刺激性的、恶臭的或有毒的气体,如 H_2S、NO_2、Cl_2、CO、SO_2 等。

②加热或蒸发 HCl、HNO_3、H_2SO_4 或 H_3PO_4 等溶液。

③溶解或消化试样。

(10)如受化学灼伤,应立即用大量水冲洗皮肤,同时脱去被污染的衣服;眼睛受化学灼伤或异物入眼,应立即将眼睁开,用大量水冲洗,至少持续冲水 15min;如烫伤,可在烫伤处抹上黄色的苦味酸溶液或烫伤软膏。严重者应立即送医院治疗。

(11)加热或进行激烈反应时,人不得离开。加热试管时,不得将试管口指向自己或别人,不要俯视正在加热的液体,以免液体溅出,受到伤害。

(12)使用电气设备时,应特别小心,切不可用湿的手去开启电闸和电器开关。凡是漏电的仪器,切勿使用,以免触电。

(13)使用精密仪器时,应严格遵守操作规程。仪器使用完毕后,将仪器各部分旋钮恢复到原来的位置,关闭电源,拔出插头。

(14)发生事故时,要保持冷静,采取应急措施,防止事故扩大,如切断电源、气源等并报告老师。

(15)实验完毕,应洗净双手,方可离开实验室。

第三节　实验室"三废"物质的处理

实验室排放的"三废"物质为废气、废液和废渣。为防止污染环境,保证实验人员的健康和安全,一方面应节约使用化学药品,从源头减少污染物的排放;另一方面,应对"三废"物质进行适当的处理。

一、化学实验室废气的处理

化学实验室常见的废气有:Cl_2、HCl、H_2S、NH_3、SO_2、NO_x、酸雾和一些有机物质(如苯、甲醇、酚等)的蒸汽。处理方法如下。

1. 溶液吸收法

用适当的液体吸收处理气体废弃物。如用酸性液体吸收碱性气体,用碱性液体吸收酸性气体。此外还可用水、有机溶液做吸收剂吸收废气。

2. 固体吸附法

用固体吸附剂吸收废气,使气体吸附在固体表面而被分解。常用的固体吸附剂有活性炭、硅胶、分子筛、活性氧化铝等。

除此之外,还可以用氧化、分解等方法处理废气。

二、化学实验室废液的处理

1. 废酸液

用塑料桶收集后,以过量的碳酸钠或石灰乳溶液中和,或用废碱液中和,然后用大量的水冲稀,消除废渣后排放。

2. 废碱液

用废酸液中和,然后用大量的水冲稀,消除废渣后排放。

3. 含砷、锑、铋和重金属离子的废液

加碱或硫化钠使之转化为难溶的氢氧化物或硫化物沉淀,过滤分类,清液处理后排放,残渣若无回收价值,则以废渣的形式送固体废物处理中心深埋处理。

4. 含氟废液

加入石灰使其转化为氟化钙沉淀,以废渣的形式处理。

5. 含氰废液

切勿将含氰废液倒入酸性溶液中,因氰化物遇酸产生剧毒的氰化氢气体,危害人的生命安全。正确的处理方法是:先加入氢氧化钠,调节使其 $pH>10$,再加入过量的 3% $KMnO_4$ 溶液,使 CN^- 被氧化分解。若 CN^- 含量较高,可加入漂白粉使 CN^- 氧化成氰酸盐,并进一步分解为 CO_2 和 N_2。另外,氰化物在碱性介质中与亚铁盐作用可生成亚铁氰酸盐而被破坏。

三、化学实验室废渣的处理

化学实验室产生的废渣通常集中到一定量后，分类送固体废物处理中心采用掩埋的方式进行处理。

第四节　化学实验室用的纯水

化学实验室用于溶解、稀释和配制溶液的水，都必须先经过纯化。分析要求不同，对水质纯度的要求也不同。故应根据不同的要求，采用不同纯化方法制得纯水。

一般实验室用的纯水有蒸馏水、二次蒸馏水、去离子水和电导水等。

一、水纯度的检查

1. 酸度

要求纯水的 pH 值在 6~7。检查方法是在两支试管中各加 10mL 待测的水，一支试管中加 2 滴 0.1% 甲基红指示剂，不显红色，另一支试管中加 5 滴 0.1% 溴百里酚蓝指示剂，不显蓝色，即为合格。

2. 硫酸根

取待测水 2~3mL，放入试管中，加 2~3 滴 2mol/L 的盐酸使之酸化，再加 1 滴 0.1% 的氯化钡溶液，放置 15h，不应有沉淀析出。

3. 氯离子

取 2~3mL 待测水，加 1 滴 6mol/L 的硝酸使之酸化，再加 1 滴 0.1% 硝酸银溶液，溶液不应产生浑浊。

4. 钙离子

取 2~3mL 待测水，加数滴 6mol/L 的氨水使之呈碱性，再加饱和草酸铵 2 滴，放置 12h 后，溶液应无沉淀析出。

5. 镁离子

取 2~3mL 待测水，加 1 滴 0.1% 的鞑靼黄及数滴 6mol/L 的氢氧化钠溶液，如有淡红色出现，即有镁离子，如呈橙色则合格。

6. 电阻率和电导率

纯水的电阻率和电导率见表 1-1。

纯水的电阻率、电导率　　　　表 1-1

水的种类 性能	蒸馏水	去离子水	电导水
25℃时电阻率($\Omega \cdot cm$)	10^5	10^6	10^6
25℃时电导率($\Omega^{-1} \cdot cm^{-1}$)	10^{-5}	10^{-6}	10^{-6}

二、各种纯水的制备

1. 蒸馏水

将自来水在蒸馏装置中加热汽化,然后将蒸汽冷凝即得到蒸馏水。由于杂质离子一般不挥发,所以蒸馏水中所含杂质比自来水少得多,比较纯净。但蒸馏水仍含少量杂质。

(1)二氧化碳溶在水中生成碳酸,使蒸馏水显弱酸性。

(2)冷凝管和接受器本身的材料可能或多或少地进入蒸馏水,这些装置所用的材料一般是不锈钢、纯铝或玻璃等,所以可能带入金属离子。

(3)蒸馏时,少量液体杂质呈雾状飞出而进入蒸馏水。

为获得比较纯净的蒸馏水,可以进行重蒸馏,并在准备重蒸的蒸馏水中加入适当的试剂以抑制某些杂质的挥发。如加入甘露醇等能抑制硼的挥发,加入碱性高锰酸钾可破坏有机物并防止二氧化碳蒸出。如果使用更纯净的蒸馏水,可进行第三次蒸馏或用石英蒸馏器进行再蒸馏。

2. 去离子水

去离子水是使用自来水通过阳离子交换树脂柱、阴离子交换树脂柱及阴、阳离子交换树脂混合交换柱来获取。这样得到的纯水比蒸馏水纯度高。

3. 电导水

在第一套硬质玻璃(最好是石英)蒸馏器中装入蒸馏水,加入少量高锰酸钾晶体,经蒸馏除去水中有机物质,即得到重蒸馏水。再将重蒸馏水注入第二套硬质玻璃(最好也是石英)蒸馏器中,加入少许硫酸钡和硫酸氢钾固体进行蒸馏,弃去馏头、馏后各10mL,取中间馏分。用此方法制得的电导水,应收集在连接碱石灰吸收管的接受器内,以防止空气中的二氧化碳溶于水中。电导水应保存在带有碱石灰吸收管的硬质玻璃瓶内,保存时间不能太长,一般在两周以内。

第五节 化 学 试 剂

一、试剂的级别

试剂的纯度对分析结果准确度的影响很大,不同的分析工作对试剂纯度的要求也不相同。因此,必须了解试剂的分类标准,以便正确使用试剂。表1-2是我国化学试剂等级标志表。

我国化学试剂等级标志表 表1-2

质量次序	1	2	3	4	5
级别	一级品	二级品	三级品	四级品	五级品
中文标志	保证试剂	分析试剂	化学纯	化学用	生物试剂
	优级纯	分析纯	化学纯	实验试剂	
符号	G.R	A.R	C.P.P	L.R	R.R,C.R
瓶签颜色	绿	红	蓝	棕色	黄色等

G.R 试剂可用于作基准物质和精密分析工作。A.R 试剂的纯度略低于 G.R 试剂,适用于大多数分析工作。C.R 试剂可用作一般分析的辅助试剂。

此外,还有一些特殊用途的所谓高纯试剂。例如"光谱纯"试剂,其中的杂质低于光谱分析法的检测限。"色谱纯"试剂,是在最高灵敏度时以 10^{-10} g 下无杂质峰来表示的。"超纯试剂"用于痕量分析和一些科学研究工作。"基准试剂"是容量分析中用于配制和标定标准溶液的基准物质。

指示剂的纯度往往不太明确,除少数标明"分析纯"或"试剂四级"外,经常只写明"化学试剂""企业标准"或"部颁暂行标准"等。常用的有机试剂也常等级不明,一般只可作"化学纯"试剂使用,必要时进行提纯。

二、试剂的保管和使用

1. 试剂的存放

固体试剂一般存放在易于取用的广口瓶中,液体试剂则存放在细口的试剂瓶中。一些用量小而使用频繁的试剂,如指示剂、定性分析试剂等可盛装在滴瓶中。见光易分解的试剂(如硝酸银、高锰酸钾、饱和氯水等)应装在棕色瓶中。对于 H_2O_2,虽然也是见光易分解的物质,但不能盛放在棕色的玻璃瓶中,因棕色玻璃瓶中含有重金属氧化物成分,会催化 H_2O_2 的分解。因此通常存放在不透明的塑料瓶中,放置于阴凉的暗处。试剂瓶的瓶盖一般都是磨口的,但盛强碱性试剂(如 NaOH、KOH)及 Na_2SiO_3 溶液的瓶塞应换成橡皮塞,以免长期放置互相粘连。易腐蚀玻璃的试剂(如氟化物等)应保存在塑料瓶中。

对于易燃、易爆、强腐蚀性、强氧化性及剧毒品的存放应特别加以注意,一般需要分类单独存放。如强氧化剂要与易燃、可燃物隔离存放。低沸点的易燃液体要求在阴凉通风的地方存放,并与其他可燃物和易产生火花的器物隔离放置,更要远离明火。闪点在 -4℃以下的液体(如石油醚、苯、乙酸乙酯、丙酮、乙醚等)理想的存放温度为 -4~4℃;闪点在 25℃以下的(如甲苯、乙醇、丁酮、吡啶等)存放温度不得超过 30℃。

所有盛装化学物品的容器外壁都应贴上标签,并写明盛放物的名称、纯度、浓度和配制日期,不可在试剂瓶中装入与标签不符的试剂,以免造成差错。标签脱落的试剂,在未查明前不可使用。标签最好用碳素墨水书写,以保证字迹长久。标签的四周要剪齐,并贴在试剂瓶的 2/3 处,以使整齐美观。标签外面应涂蜡或用透明胶带等保护。

2. 试剂的取用原则

(1) 避免污染

试剂不得与手接触,也不能使其他物质混入。对于用滴瓶装的液体试剂,滴管不能插入其他溶液,也不能与接受容器接触。试剂瓶塞、药匙和滴瓶的滴管不能张冠李戴。多取的试剂不能倒回原瓶(可给他人使用),以免污染试剂。

(2) 注意节约

要按规定量取用试剂,若未注明用量,要尽量少取。应按实验要求选用各种规格的试剂。

3. 试剂的取用方法

试剂在取用前,要认清标签;取用时,不可将瓶盖随意乱放,应将瓶盖反放在干净的地方;取完后立即盖上瓶塞,并将试剂瓶放回原处。不同状态、不同性质的试剂取用的方法不同。

(1)固体试剂的取用

①用干净、干燥的药匙取用,最好每种试剂专用一个药匙。否则,每次用后,须将药匙洗净、擦干才可以取用其他试剂。

②固体颗粒太大时,可用研钵研细后使用。

③取出试剂后,应立即盖紧原瓶盖,注意不要盖错盖子,以免污染原试剂。

④称取固体试剂时,一般称量可将试剂放在表面皿或干净光滑的纸内,在电子天平上称量。腐蚀性或易溶解的固体,要放在适当的容器中称量,不能放在纸上称。精确称量应放在分析天平上进行。

(2)液体试剂的取用

①从细口试剂瓶中取用试剂的方法。

取下瓶塞,并将瓶塞倒置于台面上,左手拿住容器(试管、量筒等),右手握住试剂瓶(试剂瓶的标签面向着手心),倒出所需量的试剂。图1-1所示为用量筒量取液体的操作。

倒完后应将瓶口在容器内壁上靠一下(特别注意处理好"最后一滴"试剂),再使瓶子竖直,以避免最后一滴沿试剂瓶外壁流下。

将液体从试剂瓶倒入烧杯时,右手拿试剂瓶,左手拿玻璃棒,使玻璃棒的下端斜靠在烧杯中,将瓶口靠在玻璃棒上,使液体沿着玻璃棒往下流。图1-2所示为向烧杯内倒液体的操作。用完后,应立即将瓶盖盖回原瓶,注意不要盖错,以免试剂被污染。

图1-1　用量筒量取液体的操作

图1-2　向烧杯内倒液体的操作

②从滴瓶中取用少量试剂的方法。

先提起滴管,使管口离开液面,用手指捏紧滴管上部的胶皮头排出空气,再将滴管伸入试剂瓶的液面以下吸取试剂。向盛器中滴加试剂时,只能将滴管尖头放在盛器口的上方滴加。图1-3所示为向试管内滴加试剂的基本操作,其中左图为正确操作,右图为不正确操作。严禁将滴管伸入盛器内,滴管不能触及所使用的容器器壁,以免造成污染。

滴瓶上的滴管不能用来移取其他试剂瓶中的试剂,也不能用其他的滴管伸入试剂瓶中吸取试剂,以免污染

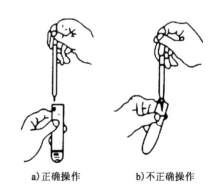

a)正确操作　　b)不正确操作

图1-3　向试管内滴加试剂的基本操作

试剂。装有试剂的滴管不能平放或管口向上斜放,以免试剂流到橡皮胶头内被污染。

③定量量取液体试剂时,根据要求可选用量筒、吸量管、移液管或滴定管量取。

④取用易挥发的试剂,如浓盐酸、浓硝酸、溴等,应在通风橱中操作,防止污染室内空气。取用剧毒及强腐蚀性药品要注意安全,不要碰到手上,以免发生伤害事故。

第二章 常用化学实验基本操作

第一节 常用玻璃器皿的洗涤

化学实验中要求使用洁净的器皿,因此,在使用器皿前必须将其充分洗净,才能得到准确的实验结果。一般附着于仪器上的污物有:可溶性物质、尘土、其他不溶性物质以及有机物质等。洗涤玻璃仪器时应根据实验要求、污物的性质和污染程度,以及仪器的类型和形状选择合适的方法进行洗涤。洗涤干净的仪器在倒置时器壁不应挂有水珠。

一、用水刷洗

用水刷洗即用毛刷就水刷洗。这种方法能洗掉仪器上的灰尘和对器壁附着力不强的不溶性物质以及一些可溶性物质。洗涤前,先用肥皂将手洗净,使用大小合适、干净、完好的毛刷。洗涤时,防止刷内铁丝接触器壁而"捅破"器皿。

二、用去污粉(含合成洗涤剂)洗

去污粉是由碳酸钠、白土和细砂混合而成。其中碳酸钠具有碱性,能除去油污;细砂有摩擦作用,白土有吸附作用,可增强洗涤效果。洗涤时,先用少量水润湿仪器,用药匙洒入少量去污粉,再用毛刷刷洗仪器内外壁,最后用水冲洗至器壁无白色粉末(当去污粉微小颗粒无法用水冲去时,可用2%盐酸摇洗后再用水冲淋)。

在洗涤带有精密刻度的玻璃仪器(如滴定管、移液管等)时,不能用去污粉,以免去污粉颗粒附着在刻度处冲洗不干净。可用洗衣粉、洗洁精水洗涤,洗涤方法同上。

三、用铬酸洗液洗

铬酸洗液由浓硫酸和重铬酸钾配制而成(25g重铬酸钾溶于50mL水中,再缓慢加入450mL浓硫酸),配好的铬酸洗液呈深褐色,具有强酸性、强氧化性和强腐蚀性,对有机物和油污的洗涤力特强。特别适用于定量实验所用的一些仪器(如滴定管、移液管、容量瓶等)和某些形状特殊的仪器的洗涤。洗涤时,将仪器内的水尽量倒去,加入少量洗液,使仪器倾斜并缓慢转动,让仪器内壁完全被洗液润湿。重复转动几次后,将洗液倒回原瓶,再用水冲去残留的洗液。使用洗液时必须注意:

(1)被洗仪器内不要存有水,以免稀释洗液降低洗涤效果。

(2)洗液用后要倒回原瓶,可以反复使用至溶液呈现绿色(即重铬酸钾完全被还原为硫酸铬,此时洗液失效。注意:废洗液须处理,不可随意倒入水槽)。

(3)盛装洗液的瓶塞要塞紧,以防洗液因吸水而被稀释。

(4) 洗液对衣服、皮肤、桌面、橡胶等有强烈的腐蚀作用,使用时应注意安全。
(5) 由于洗液成本较高,且有害,故凡能用其他方法洗涤的仪器,尽量不要用洗液洗。
(6) 用洗液浸泡仪器一段时间,或用热的洗液洗涤仪器,效果会更好。

四、用碱性高锰酸钾洗液洗

此溶液是用4g高锰酸钾溶于少量水中,加入10%氢氧化钠溶液100mL配制而成。

它可用于洗涤油污和有机物。洗后留下的二氧化锰可用还原性物质(如浓盐酸、硫酸亚铁溶液或草酸溶液等)洗去。

五、特殊物质的洗涤

根据污物的性质,采用适当的方法洗涤。例如,用浓盐酸可洗去一些氧化性物质(如二氧化锰等),也可以洗去大多数难溶于水的无机物;用适当的酸可洗去难溶氢氧化物、硫化物等;用氨水可以洗去氯化银沉淀;二硫化碳可以洗去萘等。表2-1列出了一些常见污垢的处理方法。

常见污垢的处理方法　　　　　表2-1

污垢种类	处理方法
碱土金属的碳酸盐	用稀盐酸处理(MnO_2 需要用6mol/L的盐酸)
沉积的金属(如银、铜)	用硝酸处理
沉积的难溶性银盐	用 $Na_2S_2O_3$ 洗涤(Ag_2S 则用热、浓 HNO_3 处理)
粘附的硫磺	用煮沸的石灰水处理
高锰酸钾污垢	草酸溶液(粘附在手上也用此法)
残留的 Na_2SO_4、$NaHSO_4$ 固体	用沸水使其溶解后趁热倒掉
粘有碘迹	可用 KI 溶液浸泡,也可用温热的稀 NaOH 溶液或 $Na_2S_2O_3$ 溶液处理
瓷研钵内的污渍	用少量食盐在研钵内研磨后倒掉,再用水洗
有机反应残留的胶状或焦油状有机物	视情况用低规格或回收的有机溶剂(如乙醇、丙酮、苯、乙醚等)浸泡;或用稀 NaOH 或浓 HNO_3 煮沸处理
一般油污及有机物	用含 $KMnO_4$ 的 NaOH 溶液处理
被有机试剂染色的比色皿	可用体积比为1:2的盐酸-酒精溶液处理

除了上述清洗方法外,现在还可选用超声波清洗器。只要把用过的仪器,放在配有合适洗涤剂的溶液中,接通电源,利用声波的能量和振动,就可将仪器清洗干净,既省时又方便。

通过上述各种方法洗涤后,再经自来水冲洗的仪器上常常还残留有 Ca^{2+}、Mg^{2+}、Fe^{2+}、Cl^- 等离子,若实验中不允许这些离子存在,则需用蒸馏水(或去离子水)把它们淌洗掉。淌洗时,要符合少量(每次用量要少)、多次(一般为三次)的原则。并注意用蒸馏水润湿仪器的所有内壁。

将洗净的仪器倒置,让水流出后,内壁应只留一层薄而均匀的水膜,无水珠出现。已洗净的仪器,决不能再用布或纸条擦拭内壁,因为布或纤维会污染仪器。

第二节 仪器的干燥

有些仪器洗涤干净后就可用于做实验。但有些实验,特别是需要在无水条件下进行的有机化学实验,其所用的玻璃仪器,常常需要干燥后才能使用。常用的干燥方法如下。

一、晾干

将洗净的仪器倒置在干净的实验柜内或仪器架上,让水自然蒸发而干燥。不急于使用的仪器可用此法干燥。

二、烘干

将仪器内的水倒掉后,放于105℃左右的烘箱中或红外线快速干燥箱中烘干。

三、烤干

试管、烧杯、蒸发皿等可直接在灯焰上烤干。烤试管时,用试管夹将试管夹好,在灯焰上加热烤干。开始时,管口向下,并不断来回移动,至管内不见水珠后,将管口向上,赶尽水汽。

蒸发皿、烧杯可置于石棉网上烤干,注意烤前应将仪器外壁的水擦干,以免烤时炸裂。

四、吹干

使用电吹风加热,可将仪器较快地吹干。

五、有机溶剂干燥

在仪器中加入少量易挥发的某些有机溶剂(如乙醇、丙酮等),倾斜转动仪器,使器壁上的水和有机溶剂互相溶解,然后倒出,残留在仪器内的少量混合物会很快挥发而干燥。若用电吹风,会干燥得更快。此法常用于不能加热的刻度计量仪器(如移液管、量筒等)和急用玻璃仪器的干燥。

第三节 试纸的使用

实验中常用试纸来定性地检验某些溶液的性质或某种物质的存在。试纸的种类很多,常用的主要有以下三种。

一、pH 试纸及其使用

pH 试纸常用于测定溶液的酸碱度,并能测出溶液的 pH 值。pH 试纸分为广泛试纸和精密试纸两种。广泛试纸的 pH 值范围为 1~14,只能粗略地测定溶液的 pH 值。精密 pH 试纸在酸碱度变化较小的情况下就有颜色变化,能精密地测定溶液的 pH 值。根据试纸的变色范围,精密 pH 试纸可分为多种,对应的 pH 值为 0.5~5.0、1.4~3.0、2.7~4.7、3.8~5.4、5.4~

7.0、5.5~9.0、6.4~8.0、7.6~8.5、8.2~10.0、9.5~13 等。

使用时,将一小块试纸放在洁净且干燥的表面皿上,用玻璃棒蘸取要实验的溶液,点在试纸中部,观察颜色变化,并与标准色板对比,确定 pH 值或 pH 值范围。切勿将试纸直接浸泡在待测溶液中。

二、KI-淀粉试纸及其使用

KI-淀粉试纸是滤纸在 KI-淀粉溶液中浸泡后晾干而制得的,使用时要用蒸馏水将试纸润湿。有时为了方便,将 KI 和淀粉溶液直接滴在试纸上,即可使用。KI-淀粉试纸用以定性地检验氧化性气体(如 Cl_2、Br_2 等),氧化性气体将试纸上的 I^- 氧化成 I_2,I_2 立即与淀粉作用,试纸呈现蓝紫色。

使用 KI-淀粉试纸时,可将一小块试纸润湿后粘在一洁净的玻璃棒的一端,然后用此玻璃棒将试纸放到管口,若有待测气体逸出,则试纸变色。

三、醋酸铅试纸及其使用

醋酸铅试纸是将滤纸在醋酸铅溶液中浸泡后晾干而制得的。使用时要用蒸馏水将试纸润湿,也可以取一小块试纸在上面直接滴加醋酸铅溶液。醋酸铅试纸可用于定性地检验反应中是否有 H_2S 气体产生(即溶液中是否有 S^{2-} 存在)。H_2S 气体遇到试纸,即溶于试纸上的水中,然后与试纸上的 Pb^{2+} 反应,生成黑色的 PbS 沉淀。

醋酸铅试纸的使用方法与 KI-淀粉试纸的使用方法相同。

第四节 加 热 操 作

一、加热用仪器

1. 酒精灯、酒精喷灯

酒精灯和酒精喷灯是无煤气的实验室中常用的加热仪器。酒精灯灯焰温度一般为 300~500℃,酒精喷灯灯焰温度可达 1000℃。图 2-1 为酒精灯(左)和酒精喷灯(右)。

a) 酒精灯　　　　　　　　　b) 酒精喷灯

图 2-1　酒精灯和酒精喷灯

酒精灯使用时要用火柴点燃,熄火时则用灯盖盖上;酒精添加量为灯身容积的 1/2～2/3;长久未用的酒精灯重新使用时,需先打开灯盖,将灯管上下提几次,并用嘴吹去其中聚集的酒精蒸气,然后再点燃。酒精喷灯的使用请参考喷灯使用说明书。

2. 电加热器

基础化学实验室中常用的电加热器有电炉(图 2-2)、电加热套(图 2-3)、电热恒温水浴锅(图 2-4)和普通水浴锅(图 2-5)等。

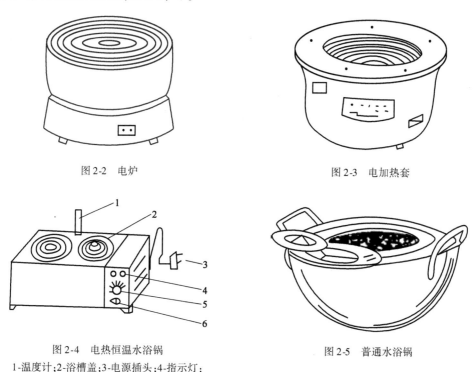

图 2-2 电炉　　　　　　　　　图 2-3 电加热套

图 2-4 电热恒温水浴锅
1-温度计;2-浴槽盖;3-电源插头;4-指示灯;
5-调温旋钮;6-电源开关

图 2-5 普通水浴锅

电热恒温水浴锅由电热恒温水浴槽和电器箱两部分构成。图 2-4 中水浴锅左边为水浴槽,它为带有保温夹层的水槽,槽底搁板下装有电热管及感温管,提供热量和传感水温。槽面有同心圈和温度计插孔的盖板。右边为电器箱,面板上装有工作指示灯(红灯表示加热,绿灯表示恒温)、调温旋钮和电源开关。

使用时,先往电热恒温水浴锅内注入清洁的水至适当深度,然后接通电源,开启电源开关后红灯亮表示电热管开始工作。调节温度旋钮至适当位置,待水温升至欲控制温度约差 2℃时(通过插在盖面上的水银温度计观察),即可反向转动调温旋扭至红灯刚好熄灭,绿灯切换变亮,这时就表示恒温控制器发生作用。此后稍微调整调温旋钮便可达到恒定的水温。

使用电热恒温水浴锅时要注意爱护:一是,切记要先加水,后通电,水位不能低于电热管;二是,电器箱不能受潮,以防漏电损坏;三是,盐及酸、碱溶液不能撒入恒温槽内,如不小心撒入要立即停电,及时清洗,以免腐蚀,较长时间不用水浴锅时也应倒去槽内的水,用干净的布擦干后保存;四是,水槽如有渗漏要及时维修。

使用电炉加热时,被加热容器应通过石棉网受热,以便受热均匀。

二、加热方法

盛于烧杯、烧瓶、蒸发皿中的液体,一般可以隔着石棉网在灯焰上加热。注意加热时所盛液体不要超过容器容量的 1/2,并要适当搅拌或加沸石,以防暴沸。

当被加热的物质要求受热均匀,且温度低于 100℃时,一般可使用水浴间接加热,即使用水浴锅(加热容器较小时,可用合适的烧杯代替水浴锅),加入 2/3 容量的水,盖上一组大小不同的铜或铝制的同心圈盖,被加热容器放在同心圈上,用灯焰或电炉将浴中之水加热到一定温度或沸腾,使用热水或水蒸气来加热。水浴加热时应尽量增大被加热容器底部的受热面积,但受热容器不可与水浴底部接触;还应经常向水浴中补加水,以保持原体积,或使用附有自动加水装置的水浴。

第五节　固体和液体的分离操作

固体和液体的分离方法有倾析法、过滤法和离心分离法。

一、倾析法

如果固体密度或颗粒较大,静置后能较快沉至容器底部,宜用倾析法来分离固、液混合物。分离时,将固、液混合物静置、沉降,通过玻璃棒引流,把上层清液转移至另一容器中。如需要洗涤固体,可在固体中加入少量洗涤液(如蒸馏水),充分搅拌,静置,沉降,再倒出洗涤液。重复 2~3 次即可。

二、过滤法

过滤法是固、液体分离中最常用的方法。

当固、液混合物通过过滤器时,固体留在过滤器上,液体则通过过滤器而流入承接容器中,过滤后所得的溶液叫做滤液。

过滤时,通常要用滤纸。过滤用的滤纸按灼烧后灰分的多少,分为定性滤纸和定量滤纸两类。定性滤纸一般用于制备和定性分析的过滤分离,定量滤纸由于灰分少(每张滤纸的灰分少于 0.01mg),适用于定量分析。按孔隙大小,各类滤纸又可分为快速、中速和慢速三种。其中,快速滤纸孔隙最大,滤速最快,慢速滤纸孔隙最小,滤速最慢。

选择滤纸时,首先要根据实验的要求选用定性或定量滤纸,然后再根据沉淀颗粒大小决定选用快速、中速和慢速三种里的哪种滤纸。

易形成胶体的沉淀(如氢氧化铁等)在进行沉淀时,应适当加热溶液或加入少量电解质,阻止胶体生成,然后趁热过滤。对于易形成细小颗粒的晶形沉淀(如硫酸钡等),除了应注意沉淀条件(一般应在热的稀溶液中,在搅拌下缓慢加入沉淀剂)外,还可以通过陈化作用(即让初生成的沉淀与母液一起放置一段时间),使小颗粒变大,然后再进行过滤,以免穿滤。

基础化学实验中通常有三种过滤方法:常压过滤、减压过滤和热过滤。

1. 常压过滤

常压过滤是在通常压力下用普通三角漏斗进行过滤的一种方法。过滤前先将圆形滤纸对折成四层,在两层滤纸边缘处撕去一个小角,展开成圆锥形,如图2-6a)所示;将展开的滤纸安放在洗净的漏斗中,如图2-6b)所示(如果漏斗锥角不是60℃,在折滤纸时应作适当调整);用少量水润湿滤纸,使滤纸和漏斗内壁贴紧;用玻璃棒或手指轻压滤纸,赶掉滤纸与漏斗壁间的气泡,以便过滤时形成水柱,加快过滤速度。注意选择大小适当的滤纸,使滤纸展开放在漏斗中并略低于漏斗边缘。

将放好滤纸的漏斗置于漏斗架上,漏斗颈紧靠承接容器的内壁。溶液转移入漏斗时要用玻璃棒引流,如图2-6c)所示。一般先转移溶液,后转移沉淀。溶液应滴加在三层滤纸处,以防溶液冲破单层滤纸。加入漏斗的溶液不能超过滤纸容量的2/3。沉淀若需要洗涤,可以在溶液转移完毕之后,往沉淀中加入少量洗涤液,充分搅拌后静置,把上层清液转移至漏斗中,重复操作2~3次,最后把沉淀转到滤纸上,也可以把沉淀转到滤纸上后,再用少量洗涤液洗涤几次。洗涤溶液应采用"少量多次"的方法,以提高洗涤效果。

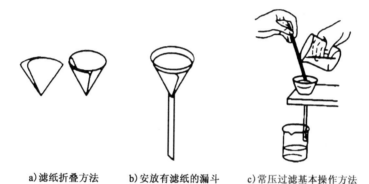

a) 滤纸折叠方法　　b) 安放有滤纸的漏斗　　c) 常压过滤基本操作方法

图2-6　常压过滤基本操作

2. 减压过滤(抽滤)

减压过滤是在过滤器上下之间存在压力差的情况下进行过滤的一种方法。减压过滤可以使过滤速度加快,而且分离后的固体比较干燥。本方法不适用于胶态沉淀或颗粒较小沉淀的过滤,因为胶态沉淀在过滤时容易穿过滤纸,而颗粒细小的沉淀在过滤时易堵塞滤纸孔,反而减慢过滤速度。

减压过滤的装置如图2-7所示。图2-7中1为吸滤装置,主要由吸滤瓶和布氏漏斗组成。布氏漏斗是瓷质的,内有许多小孔,通过橡皮塞和吸滤瓶相连;吸滤瓶是用来承接滤液的。图2-7中2为安全瓶,吸滤瓶的支管通过橡皮塞和安全瓶相连,安全瓶是为了防止关闭水泵或水的流速突然变小时,因瓶内压力低于外界压力而把自来水直接吸到滤液中。图2-7中3为玻璃水泵,水泵的作用是对抽滤系统抽气。当水高速流经泵内窄口时,水把空气带出,从而使抽滤系统中布氏漏斗内液面上下之间产生一个压力差,玻璃水泵也可由金属水泵或者其他抽真空系统代替。

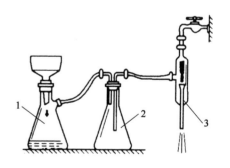

图2-7　减压过滤装置
1-吸滤装置;2-安全瓶;3-玻璃水泵

操作时，将一张比布氏漏斗内径略小，但能把小孔全部盖住的滤纸放入布氏漏斗正中，用少量水润湿滤纸后，打开水泵抽气，使滤纸紧贴漏斗壁。通过玻璃棒引流，将溶液转入漏斗，再把固体转移至滤纸中部，抽干。然后拔掉连接水泵的橡皮管，再关闭水泵。如需要洗涤固体，可加入适量洗涤液，使其充分润湿固体后，再将橡皮管接在水泵上抽干。

若分离的固、液混合物有较强的腐蚀性，可用的确良布或尼龙布来代替滤纸。如果过滤后的固体要弃去，也可用石棉纤维来代替滤纸。

用石棉纤维过滤的操作方法是：将石棉纤维在水中浸泡一段时间，搅拌均匀后与适量的水一起倒入布氏漏斗中，用玻璃棒搅动使石棉纤维分布均匀，抽去石棉纤维中的水，使其紧贴在漏斗上。铺好的石棉纤维应厚度合适，无小孔。

如果需要的是过滤后的固体，也可用玻璃砂芯漏斗代替布氏漏斗，但玻璃砂芯漏斗不能用于强碱性溶液的过滤，因强碱会腐蚀玻璃，使凝结玻璃片的微孔堵塞。应根据实际需要选择玻璃砂芯漏斗的规格及孔隙大小，玻璃砂芯漏斗用后应立即洗净，洗涤的方法应视沉淀物的性质而定。

3. 热过滤

如果溶质的溶解度因温度下降而减小很多，过滤时又不希望溶质结晶析出，就需采取热过滤。具体操作如下：把普通玻璃漏斗放在铜质的热滤漏斗中，热滤漏斗内装有热水，在过滤过程中还可以加热，以保持溶液的温度。热过滤装置见图2-8。热过滤也可以在过滤前将短颈玻璃漏斗放在水浴上用蒸汽加热后再使用，或用热水先通过滤纸，使漏斗预热后迅速过滤。

图2-8　热过滤装置

三、离心分离法

离心分离法适用于沉淀极细难于沉降以及沉淀量很少的固液分离。当被分离的沉淀量很少时，使用一般方法过滤，沉淀全黏附在滤纸上难以取下，这时宜采用离心分离法。用于离心分离操作的离心机有手摇和电动两种，现在常用的是电动离心机。

图2-9是一种常用的电动离心机，对离心试管中少量的固液混合物进行分离时，离心机高速旋转，产生的离心力使沉淀颗粒向试管底部集中，上面得到澄清的溶液。

进行离心分离时，应把离心试管对称地放入离心机的套管中。放入套管的离心试管的大小、所装溶液的量要大致相同。如只有一只离心管中有试样，可用另一只大小相同的离心试管装上同样质量的水放在离心机中的对称位置，以保持机器转动时的平衡。放好离心试管后盖上盖子。先把变速器调至最低档，然后逐渐加速，数分钟后断开电源，使其自然停止（不能用外力强制停止转动）。取出离心试管，用小吸管吸出上层清液。吸管深入溶液前应先排气，切勿在深入溶液后排气，否则会把沉淀冲起而使溶液变浑。吸管尖宜刚好进入液面，绝不能接触到沉淀，以免把沉淀吸出。

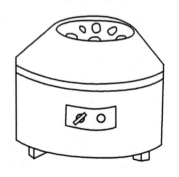

图2-9　电动离心机

由于沉淀表面附有少量溶液,必须经过洗涤,才能得到较纯的沉淀。洗涤时,把适量洗涤液(如蒸馏水)加到离心试管中,将离心试管倾斜,用微搅棒充分搅拌后再离心分离,吸出上层清液。沉淀洗涤次数视实验要求而定,一般为2~3次。

第六节　蒸发和结晶

蒸发是使溶液中溶剂量减少,溶液变浓或使溶质从溶液中结晶析出的一种操作方法。常用的蒸发容器是蒸发皿。若物质对热稳定,可以将溶液盛在蒸发皿中直接加热,否则应在水浴上蒸发。

结晶是在一定条件下,溶质从溶液中析出的过程。若溶质的溶解度较大,应将溶液蒸发得浓一些,至溶液表面出现晶膜再停止加热,冷却后即有晶体析出。若溶质的溶解度较小,或随温度变化较大,则只需蒸发至一定程度,不必等到出现晶膜就可以停止加热。

结晶析出的晶体颗粒大小应适当。如果溶液浓度高,冷却速度快,溶质溶解度较小,再加上不时地搅拌溶液,摩擦器壁,则析出的晶体颗粒较小。而溶液浓度低,缓慢冷却,溶质溶解度较大,或加入一粒小晶种后静置,则析出的晶体颗粒较大。从纯度上讲,结晶颗粒稍大且均匀性较好。因为参差不齐的细小晶体,易形成糊状物,夹有较多母液,难于洗涤,结晶颗粒较大的则与之相反。但也不宜使结晶颗粒太大,因为在这种情况下,晶体的量往往太少,母液中剩余溶质较多,损失太大。

重结晶是提纯物质的重要方法之一。将粗晶溶解在适当的溶剂(一般是水)中,经化学处理后,过滤除去杂质,然后蒸发浓缩至一定程度,冷却,结晶。这样得到的产品,浓度会提高,但产率会降低。

第七节　电子天平与称量

一、电子天平

电子天平是最新一代的天平,它是利用电子装置完成电磁力补偿的调节,使物体在重力场中实现力的平衡,或通过电磁力矩的调节,使物体在重力场中实现力矩的平衡。

自动调零、自动校准、自动扣皮和自动显示称量结果是电子天平最基本的功能。这里"自动"应该为"半自动",因为需要人工触动指令键后方可自动完成指定的动作。

1. 基本结构及称量原理

随着现代科技的不断发展,电子天平产品的结构设计在不断改进和提高,向着功能多、平衡快、体积小、质量轻和操作简便的趋势发展。但就基本结构和称量原理而言,各种型号的电子天平都是大同小异的。

常见电子天平的结构是机电结合式的,核心部分是载荷接受与传递装置、测量及补偿控制装置两部分组成。常见电子天平的基本结构见图2-10。

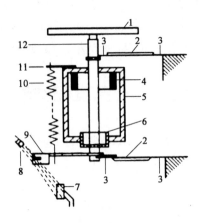

图 2-10 电子天平基本结构示意图
1-称量盘;2-平行导杆;3-挠性支承簧片;4-线性绕组;5-永久磁铁;6-载流线圈;7-接受二极管;8-发光二极管;
9-光栅;10-预载弹簧;11-双金属片;12-盘支承

载荷接受与传递装置由称量盘、盘支承、平行导杆等部件组成,它是接受被称物和传递载荷的机械部件。平行导杆是由上下两个三角形导向杆形成一个空间的平行四边形(从侧面看)结构,以维持称量盘在载荷改变时进行垂直运动,并可避免称量盘倾倒。

载荷测量及补偿控制装置是对载荷进行测量,并通过传感器、转换器及相应的电路进行补偿和控制的部件单元。该装置是机电结合式的,既有机械部分,又有电子部分,包括示位器(图 2-10 中的 7~9)、补偿线圈、电力转换器的永久磁铁,以及控制电路等部分。

电子装置能记忆加载前示位器的平衡位置。所谓自动调零是能记忆和识别预先调定的平衡位置,并能自动保持这一位置。称量盘上载荷的任何变化都会被示位器察觉并立即向控制单元发出信号。当称量盘上加载后,示位器发生位移并导致补偿线圈接通电流,线圈内就产生垂直的力,这种作用于称盘上的外力,使示位器准确地回到原来的平衡位置。载荷越大,线圈中通过电流的时间越长,通过电流的时间间隔是由通过平衡位置扫描的可变增益放大器来调节的,而且这种时间间隔直接与称盘上所加载荷成正比。整个称量过程均由微处理器进行计算和调控。这样,当称盘上加载后,即接通了补偿线圈的电流,计算器就开始计算冲击脉冲,达到平衡后,就自动显示出载荷的量值。

目前的电子天平多数是上皿式(即顶部加载式),内校式(标准砝码预装在天平内,触动校准键后由起动机自动加码并进行校准)多于外校式(附带标准砝码,校准时加到称盘上),使用非常方便。

自动校准的基本原理是:当人工给出校准指令后,天平便自动对校准砝码进行测量,而后微处理器将标准砝码的测量值与存储的理论值(校准值)进行比较,并计算出相应的修正系数,存于计算器中,直至再次进行校准时方可能改变。

2. BP210S 型电子天平的使用方法

BP210S 型电子天平是多功能、上皿式常用分析天平,感量为 0.1mg,最大载荷为 210g,其显示屏和控制键板如图 2-11 所示。

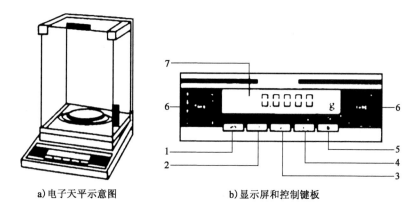

a) 电子天平示意图　　　　　　b) 显示屏和控制键板

图 2-11　BP210S 型电子天平

1-开/关键;2-清除键(CF);3-校准/调整键(CAL);4-功能键(F);5-打印键;
6-除皮/调零键(TARE);7-质量显示屏

一般情况下,只使用开/关键、除皮/调零键和校准/调整键。操作步骤如下:

(1) 接通电源(电插头),屏幕右上角显示一个"O",预热 30min 以上。

(2) 检查水平仪(在天平后面),如不水平,应通过天平前边左、右两个水平支脚而使其达到水平状态。

(3) 按一下开/关键,显示屏很快出现"0.0000g"。

(4) 如果不显示"0.0000g",则要按一下"TARE"键。

(5) 将被称物轻轻放在称盘上,这时可见显示屏上的数字不断变化,待数字稳定并出现质量单位"g"后,即可读数(最好再等几秒钟)并记录称量结果。

(6) 称量完毕,取下被称物,如果还要继续使用天平,可暂时不按"开/关键",天平将自动保持零位,或者按一下"开/关键"(但不可拔下电源插头),让天平处于待命状态,即显示屏上数字消失,左下角出现一个"O",再次称样时按一下"开/关键"即可使用。如果较长时间(半天以上)不用天平,应拔下电源插头,盖上防尘罩。

(7) 如果天平长时间没有用过,或天平移动过位置,应进行一次校准。校准要在天平预热 30min 后进行。程序是:调整水平,按下"开/关键",显示稳定后如不为零则按一下"TARE"键,稳定地显示"0.0000g"后,按一下"校准键"(CAL),天平将自动进行校准,屏幕显示出"CAL",表示正在进行校准。10s 左右,"CAL"消失,表示校准完毕,应显示出"0.0000g",如果显示不为零,可按一下"TARE"键,然后即可进行称量。

3. 使用注意事项

(1) 电子天平的开机、通电预热、校准均由实验室工作人员负责完成,学生只按"TARE"键,不要触动其他控制键。

(2) 此天平的自重较小,容易被碰发生位移,从而可能造成水平改变,影响称量结果的准确性。所以应特别注意,使用时,动作要轻、缓,并时常检查水平是否改变。

(3) 要注意可能引起天平示值变动性的各种因素。例如:空气对流、温度波动、容器不干净、开门及放置被称物时动作过重等。

二、称量方法

根据试样的不同性质和分析工作中的不同要求,可分别采用直接称样法(简称直接法)、指定质量(固定量)称样法和差减称样法(也称相减法)进行称量。

1. 直接称样法

对于某些在空气中无吸湿性的试样或试剂如金属或合金等,可用直接法称样。一般地,试样需先经干燥预处理。如果试样已烘干,取出后应放在干燥器中。干燥器放在天平箱旁边,冷却到与天平室等温后再称量。用药匙将试样放在已知质量的洁净而干燥的小表面皿上,一次称取一定质量的试样,然后将试样全部转移到准备好的容器中。

2. 指定质量称样法

用于称量不易吸潮,在空气中性质稳定的粉状试样如金属、矿石试样等。

称量时应特别注意:

(1) 试样决不能撒落在天平盘或天平箱内。

(2) 称好的试样必须定量由称量器皿转移到准备好的容器中。

(3) 若不小心将试样撒落在天平箱内,要加以清除。

3. 差减称样法

此法适用于称量多份易吸潮、易氧化或易吸收 CO_2 的粉末试样。试样用带盖的称量瓶盛装,既可防潮防尘,又便于称量操作。倒出一份试样前后的两次质量之差,即为该份试样的质量。

称量时,用纸条叠成宽度适中的两三层纸带,毛边朝下套在称量瓶上。拇指与食指拿住纸条,基本操作见图2-12a),放在天平盘的正中,取下纸带。按直接称量法,称出瓶和试样的质量。然后仍用纸带把称量瓶从盘上取下,放在容器上方。右手用另一小纸片衬垫瓶盖顶部,打开瓶盖,但勿使瓶盖离开容器上方。慢慢倾斜瓶身,使称量瓶瓶身接近水平,瓶底略低于瓶口,切勿使瓶底高于瓶口,以防试样冲出,此时原有瓶底的试样慢慢下移至接近瓶口。在称量瓶口离容器上方约1cm处,用盖轻轻敲瓶口上部使试样落入容器内,基本操作见图2-12b)。

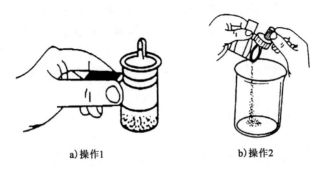

a) 操作1　　　　　b) 操作2

图2-12　差减称样法的操作

倒出试样后,把称量瓶轻轻竖起,同时用盖轻轻敲打瓶口上部,使粘在瓶口的试样落下(或落入称量瓶或落入容器,所以倒出试样的这一步骤必须在容器口正上方进行)。然后盖好瓶盖,放回天平盘上,称出其质量。两次质量之差,即为倒出试样的质量。若不慎倒出的试样量超过了所需的量,则应弃之重称。如果接受的容器口较小(如锥形瓶等),也可在容器口放一只洗净的干燥小漏斗,将试样倒入漏斗内,待称好试样后,用少量蒸馏水将试样洗入容器内。

称量时的注意事项:

(1)在称量过程中,严禁直接用手拿称量瓶或瓶盖操作,以免不洁的手污染称量瓶引起误差。

(2)在倾倒过程中,每次倒出的试样量不宜太多(尤其在称量第一份试样时),否则易超重。若超重太多,则只能弃之重称。

(3)纸带强度应足够,以免破裂而损坏称量瓶;宽度要适当,太窄则套不稳,太宽超过称量瓶瓶口,在称量过程中可能粘附试样。

差减称样法比较简便、快速、准确,是一种最常用的称量方法。

第八节　移液管、吸量管和容量瓶及其使用

一、移液管、吸量管及其使用

移液管、吸量管(图2-13)都是用来准确移取一定体积溶液的仪器。在标明的温度下,先使溶液的弯月面下缘与标线相切,再让溶液按一定方法自由流出,则流出溶液的体积与管上所标明的体积相同(因使用温度与标准温度不一定相同,故流出溶液的体积与管上的标称体积会稍有差别)。

移液管中间部分大(称为球部),上部和下部较细窄,无分刻度,仅管颈上部有刻度标线,见图2-13a);主要用于转移较大体积的溶液,常用规格有5mL、10mL、25mL、50mL等。吸量管是具有分刻度的玻璃管,一般只用于移取小体积溶液,常用规格有1mL、2mL、5mL、10mL、20mL等。图2-13b)所示为不同规格的吸量管。吸量管移取溶液的体积准确度低于移液管的体积准确度。

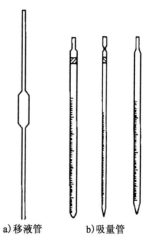

图2-13　移液管和吸量管

1. 移液管、吸量管的润洗

已洗净的移液管、吸量管移取溶液前,必须用吸水纸将尖端内外的水除去,然后用待吸溶液润洗三次。方法是:以左手持洗耳球,将食指或拇指放在洗耳球的上方,右手手指拿住移液管或吸量管管颈标线以上的地方,将洗耳球紧接在移液管口上[图2-14a)],然后,排除洗耳球中空气,将移液管插入溶液中,左手拇指或食指慢慢放松,溶液缓缓吸入移液管球部或吸量管全管约1/4处,尽量避免溶液回流。移去洗耳球,再用右手食指按住管口。把管横过来,左手扶住管的下端,慢慢开启右手食指,一边转动移液管,一边使管口降低,让溶液布满全管,然后从管尖口放出润洗溶液,弃去,重复三次。润洗这一步很重要,它使管内壁残留溶液浓度与待吸溶液浓度完全相同,避免残留水的稀释作用。

润洗前,移液管、吸量管都应洗净。

2. 溶液移取操作

移取溶液时,一般左手拿洗耳球,右手持移液管,将移液管直接插入待吸液面下 1~2cm 处,不应太浅,以免液面下降后造成吸空;也不应太深,以免移液管外壁附有过多的溶液。吸液时将洗耳球紧接在移液管口上,并注意容器中液面和移液管尖的位置,应使移液管管尖随液面下降而下降,基本操作见图 2-14a)。当移液管内液面上升至移液管标线以上时,迅速移去洗耳球,同时用右手食指按住管口,左手改拿盛待测液的容器。将移液管向上提,使其离开液面,并将管的下部伸入溶液的部分沿待测液容器内壁旋转两圈,以除去管外壁上的溶液。然后使容器倾斜成约 45°,其内壁与移液管尖紧贴,移液管保持垂直,此时微微松动右手食指,使液面缓慢下降,直到视线平视时弯月面与标线相切,立即按紧食指,左手改拿接受容器。将接受容器倾斜,使内壁紧贴移液管管尖成 45°倾斜,见图 2-14b)。松开右手食指,使溶液自由地沿壁流下。待液面下降到管尖后,再等 15s 后取出移液管。注意,管尖最后留有的少量液体不能吹入接受容器中,因为在检定移液管体积时,没有把这部分容积计算进去。另外由于一些管尖口做得不很圆滑,因此可能会出现容器内壁与管尖口的接触方位不同而使残留在管尖部位的溶液体积发生变化的情况,从而影响平行测定精密度。为此可等待 15s 后,将管身左右旋转几次,这样,管尖部分每次残留的体积将会基本相同。

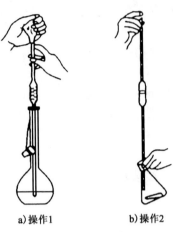

a) 操作1　　b) 操作2

图 2-14　移液管的使用方法

用吸量管吸取溶液时,吸取溶液和调节液面至最上端标线的操作与移液管相同。放溶液时,用食指控制管口,使液面慢慢下降,至与所需的刻度相切时,按住管口,移去接受容器。若吸量管的分度刻到管尖,管上标有"吹"字,并且需要从最上面的标线放至管尖时,则在溶液流到管尖后立即从管口轻轻吹一下即可。还有一种吸量管,分刻度到管尖尚差 1~2cm,使用这种吸量管时,应注意不要使液面降到刻度以下。在同一实验中,应尽可能使用同一根吸量管的同一段,并且尽可能使用上端部分,而不用末端收缩部分。

移液管和吸量管用完后应放在移液管架上。当短时间内不再用它吸取同一溶液时,即用自来水冲洗,再用蒸馏水洗净,然后放在移液管架上。

二、容量瓶及其使用

容量瓶是用来配制标准溶液和试样溶液的,是一种细颈梨形平底玻璃瓶,带有磨口玻璃塞或塑料塞,可用橡皮筋将塞子系在容器瓶颈上。容量瓶颈上标有刻度线,代表 20℃时液体充满刻度线时液体的体积(即为"量入"式的量器)。容量瓶有 10mL、25mL、50mL、100mL、250mL、500mL 和 1000mL 的规格。

1. 容量瓶的准备

容量瓶使用前应先检查:①瓶塞是否漏水;②标线位置距离瓶口是否太近,如果漏水或标线距瓶口太近,不便混匀溶液,则不宜使用。检漏的方法是:加自来水至标线附近,盖好瓶塞后,一手用食指按住塞子,另一手用指尖托住瓶底边缘,见图 2-15a);然后倒立 2min。如不漏水,将瓶直立,将瓶塞旋转180°后,再倒过来试一次。容量瓶在使用中不可将扁头的玻璃磨口塞放在桌面上,以免污染或搞错。当操作结束时将瓶盖盖上,也可用橡皮圈或细绳将瓶塞系在瓶颈上,细绳应稍短于瓶颈。操作时,瓶塞系在瓶颈上,尽量不要碰到瓶颈,操作结束后立即将瓶塞盖好。如果是平顶的塑料盖子,则可将盖子倒置在桌面上。容量瓶应洗涤干净,洗涤方法同滴定管的洗涤。

2. 溶液的配制

用容量瓶配制溶液时,最常用的方法是将待测固体称出置于烧杯中,加水或其他溶剂将固体溶解,然后将溶液定量转移至容量瓶中。定量转移时,烧杯口应紧靠伸入容量瓶的玻璃棒(其上部不要碰瓶口,下端靠着瓶颈内壁),使溶液沿玻璃棒和内壁流入,基本操作见图2-15b)。液体全部转移后,将搅拌棒和烧杯稍微向上提起,同时使烧杯直立,再将玻璃棒放回原烧杯。注意勿使溶液流至烧杯外壁引起损失。用洗瓶吹洗玻璃棒和烧杯内壁,如前将洗涤液转移至容量瓶中。如此重复多次,完成定量转移。当加水至容量瓶的3/4左右时,用右手食指和中指夹住瓶塞的扁头,将容量瓶拿起,按水平方向旋转几周,使溶液大体混匀。继续加水至距离标线约1cm处,等1~2min,使附在瓶颈内壁的溶液流下后,再用细而长的滴管加水(注意勿使滴管接触溶液)至弯月面下缘与标线相切(也可用洗瓶加水至标线)。无论溶液有无颜色,一律按照这个标准,即使溶液颜色比较深,但最后所加的水位于溶液最上层,而尚未与有色溶液混匀,弯月面下缘仍然非常清楚,不会有碍观察。塞上干的瓶塞,用一只手的食指按住瓶塞上部,其余四指拿住瓶颈标线以上部分,用另一只手的指尖托住瓶底边缘,将容量瓶倒转,使气泡上升至顶,此时将容量瓶振荡数次,正立后,再次倒转过来进行振荡。如此反复多次(10次左右),将溶液混匀后,放正容量瓶,打开瓶塞,使瓶塞周围的液体流下,重新塞好塞子后,再倒转振荡1~2次后,使溶液全部混匀。

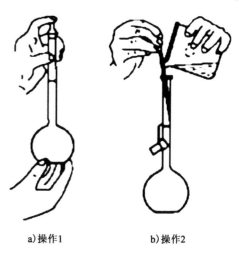

a) 操作1　　　b) 操作2

图 2-15　容量瓶的使用方法

若用容量瓶稀释溶液,则用移液管移取一定体积的溶液,放入容量瓶后,稀释至标线,混匀。

配好的溶液如需保存,应转移到磨口试剂瓶中,不要将容量瓶当作试剂瓶使用。

容量瓶使用完毕后应立即用水冲洗干净,如长期不用,磨口处应洗净擦干,并用纸片将磨口隔开。

容量瓶不得在烘箱中烘烤,也不能用其他任何方法进行加热。

第九节　滴定管及其应用

滴定管是在滴定过程中,用于准确测量滴定溶液体积的一种玻璃量器,它是一种具有精确刻度且内径均匀细长的玻璃管。滴定管按其用途一般分为酸式滴定管和碱式滴定管两

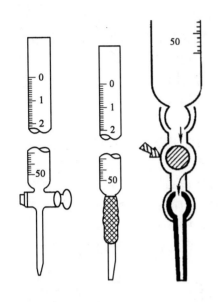

图2-16 酸式滴定管和碱式滴定管
a) 酸式滴定管　b) 碱式滴定管　c) 流速控制

种。酸式滴定管的刻度管和下端的尖嘴玻璃管通过玻璃旋塞相连[图2-16a)],它适于盛装酸性、氧化性和中性的溶液。碱式滴定管的刻度管与尖嘴玻璃管之间通过橡皮管相连[图2-16b)],在橡皮管里装有一颗玻璃珠,用以控制溶液的流出速度[图2-16c)]。碱式滴定管用于盛装碱性溶液,不能用来盛装高锰酸钾、碘和硝酸银等能与橡皮管起反应的溶液。碱式滴定管与酸式滴定管的区别主要在于碱式滴定管是由橡胶管导通溶液,且橡胶管中有一个玻璃球。而酸式滴定管是由全玻璃导通溶液。碱式滴定管的橡胶管决定了它所盛装的溶液性质,而对于中性溶液,理论上是可以用碱性滴定管盛装的。但一般采酸式滴定管盛装中性溶液。

常量分析使用的滴定管容积有50mL和25mL两种,最小刻度为0.1mL,可估读到0.01mL。

此外,还有容积为10mL、5mL、2mL和1mL的半微量和微量滴定管,最小刻度分别为0.05mL、0.01mL和0.005mL,且构型各异。

一、滴定管的准备

新拿到一支滴定管,用前应先做一些初步检查,如酸式滴定管的旋塞是否匹配,碱式滴定管的乳胶管孔径与玻璃球大小是否合适,乳胶管是否有孔洞、裂纹、硬化,滴定管是否完好无损等。初步检查合格后,进行下一步准备工作。

1. 洗涤

滴定管可用自来水冲洗或用细长的刷子蘸洗衣粉液洗,但不能用去污粉洗涤。去污粉的细颗粒很容易粘附在管壁上,不易清洗除去。也不能用铁丝做的毛刷刷洗,因为容易划伤器壁而引起容量的变化,并且划伤表面更易藏污垢。如果经过刷洗后内壁仍有油脂(主要来自于旋塞润滑剂)或其他污垢,可用5~10mL(当很脏难洗时,可加满洗液)铬酸洗液荡洗或浸泡。酸式滴定管可直接在管中加入洗液浸泡,而碱式滴定管则要先拔去乳胶管,换上一小段塞有玻璃棒的橡皮管,然后用洗液浸泡。总之,为了尽快而方便地洗净滴定管,可根据脏物的性质,污染程度,选择合适的洗涤剂和洗涤方法。无论用哪种方法洗,最后都要用自来水充分洗涤,然后用蒸馏水荡洗2~3次。洗净的滴定管在水流去后,内壁应均匀地润上一薄层水,若管壁上挂有水珠,说明未洗净,必须重洗。

2. 涂凡士林

使用酸式滴定管时,为使旋塞旋转灵活而又不致漏水,一般都需将旋塞涂一层凡士林。其方法是:

(1)将滴定管平放在实验台上,取下旋塞小头处的橡皮圈,再取出旋塞。

(2)用吸水纸将旋塞芯和旋塞槽内擦干,并注意勿使滴定管壁上的水再次进入旋塞套。

(3)用手指将油脂涂抹在旋塞上的大头上,另用纸卷或火柴梗将油脂涂抹在旋塞套的小口内,也可用手指均匀地涂一薄层油脂于旋塞两头(图 2-17)。油脂的厚薄要适当,涂得太少,旋塞转动不灵活且易漏水;涂得太多,旋塞孔容易被堵塞。

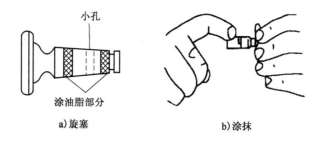

图 2-17 旋塞涂油脂法

(4)将涂好凡士林的旋塞芯插进旋塞槽内,向同一方向旋转旋塞,直至旋塞芯与旋塞槽处全部呈透明而没有纹路为止。

(5)将装好旋塞的滴定管平放在桌面上,让旋塞的小头朝上,然后在小头上套一个小橡皮圈(可以从橡皮管上剪下一小圈)以防旋塞脱落。

涂抹凡士林的过程中一定要谨慎,切莫让旋塞跌落到地上而造成整支滴定管报废。

3. 检漏

用自来水充满滴定管,将其放在滴定管架上静置约 2min,观察有无水滴漏下,然后将旋塞旋转 180°,再如前检查,如果漏水,需重新涂抹凡士林。

4. 滴定剂溶液的加入

加入滴定剂溶液前,先用蒸馏水荡洗滴定管 2~3 次,每次约 10mL,两手平端滴定管,慢慢旋转,让水遍及全管内壁,然后从两端放出。再用待装溶液荡洗三次,用量依次为 10mL、5mL、5mL。荡洗方法与用蒸馏水荡洗时相同。荡洗完毕,装入滴定液至 "0" 刻度以上,检查旋塞附近(或橡皮管内)有无气泡。如有气泡,应将其排出。排气泡时,对于酸式滴定管,用右手拿住滴定管使其倾斜约 30°,左手迅速打开旋塞,使溶液冲下将气泡赶掉;对于碱式滴定管,可将橡皮管向上弯曲,捏住玻璃珠的右上方,气泡即被溶液压出,见图 2-18。

图 2-18 赶出碱式滴定管中的气泡

二、滴定管的操作方法

滴定管应垂直地夹在滴定管架上。使用酸式滴定管滴定时,左手无名指和小指弯向手心,用其余三指控制旋塞旋转,见图 2-19a)。不要将旋塞向外顶,也不要向里紧扣,以免使旋塞转动不灵。

使用碱式滴定管时,左手无名指和中指夹住尖嘴,拇指和食指向侧面挤压玻璃珠所在部位处的乳胶管,使溶液从缝隙处流出,见图 2-19b)。但要注意不能使玻璃珠上下移动,更不能捏玻璃珠下部的乳胶管。

无论使用哪种滴定管,都必须掌握三种加液方法:①逐滴滴加;②加1滴;③加半滴。

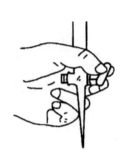 

a) 酸式滴定管滴定控制方法　　b) 碱式滴定管滴定控制方法

图 2-19　滴定管使用方法

三、滴定方法

滴定操作可在锥形瓶或烧杯内进行(图2-20),并以白瓷板为背景。

a) 在锥形瓶中滴定　　b) 在烧杯中滴定

图 2-20　滴定方法

在锥形瓶中滴定时[图2-20a)],右手前三指拿住瓶颈,瓶底离瓷板约2~3cm。同时调节滴定管的高度,使滴定管的下端伸入瓶中约1cm,左手如前述方法操作滴定管,边摇动锥形瓶,边滴加溶液。滴定时应注意以下几点:

(1) 摇瓶时,应保持肘部基本不动,摇动腕关节,使溶液向同一方向旋转(左旋、右旋均可,但不能前后或左右振动,以免溶液溅出),但勿使瓶口接触滴定管,以免损坏锥形瓶或滴定管尖部。摇瓶时,一定要让溶液出现漩涡,以免影响化学反应的进行。

(2) 滴定时,左手不能离开旋塞。

(3) 眼睛应注意溶液颜色的变化,而不要注视滴定管的液面。

(4) 溶液应逐滴滴加,不要流成直线。接近终点时,应每加1滴,摇几下,直至加半滴溶液出现明显的颜色变化。加半滴溶液的方法是先将溶液悬挂在出口管上,以锥形瓶口内壁接触液滴,再用少量蒸馏水吹洗瓶壁。

(5) 用碱式滴定管滴定半滴溶液时,应放开食指与拇指,使悬挂的半滴溶液靠入瓶口内,再放开无名指和中指,这样可以防止管尖出现气泡。

(6)每次滴定前应记录滴定管初始读数,一般应从"0"刻度附近开始。

(7)滴定结束后,弃去滴定管内剩余的溶液,随即洗净滴定管,并用水充满滴定管,以备下次使用。

在烧杯中进行滴定时[图2-20b)],将烧杯放在白瓷板上,滴定管出口管伸入烧杯约1cm。滴定管应放在左后方,但不要触碰杯壁,右手持玻璃棒搅动溶液。加半滴溶液时,用玻璃棒末端承接悬挂的半滴溶液,放入溶液中搅拌。注意玻璃棒只能接触液滴,不能碰触管尖。

四、滴定管的流出时间、等待时间和滴定速度

《常用玻璃量器检定规程》(JJG 196—2006)规定,50mL滴定管的流出时间为60~90s。等待时间是水自然流出至标线以上约5mm处,等30s后,在10s内调至标线。表2-2为滴定管的流出时间和等待时间。

滴定管的流出时间和等待时间　　　　表2-2

标称容量(mL)	A_1、A_2级流出时间(s)	B级流出时间(s)	等待时间
1~2	20~30	15~35	自然流出到标线以上5mm处,等30s后,在10s内调至标线
5	30~45	20~45	
10	30~45	20~45	
25	45~70	35~70	
50	60~90	50~90	
100	70~100	60~100	

有关检定的这一规定,显然不能应用在实际滴定操作中,因为我们无法知道到达滴定终点时需要滴定液的体积。因此有人建议滴定速度控制在10mL/min,大致相当于3~4滴/s。

五、滴定管的读数

滴定管的读数应遵照以下原则:

(1)读数时,可将滴定管垂直夹在滴定管架上,或用右手指夹持滴定管上部无刻度处。不管用哪种方法读数,均应使滴定管保持垂直状态。

(2)读数时,视线应与液面水平。视线高于液面,读数将偏低;反之则偏高。读数方法见图2-21。

(3)对于无色或浅色溶液,应读取弯月面下缘的最低点,溶液颜色太深而观察不到弯月面时,可读两侧最高点。初读数与终读数应取同一标准。

(4)读数应估计到最小分度的1/10。对于常量滴定管,读到小数点后第二位,即估读到0.01mL。

(5)初学者练习读数时,可在滴定管后衬一黑白两色的读数卡。将卡片紧贴滴定管,黑色部分在弯月面下约1mm处,即可看到弯月面反应层呈黑色,见图2-22。

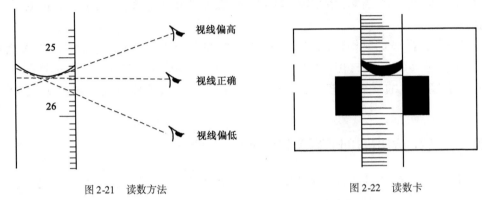

图 2-21　读数方法　　　　　　　　　图 2-22　读数卡

(6)乳白板蓝线衬背的滴定管,应以蓝线的最尖部分的位置读数。

第三章 实验数据的记录及计算中的有效数字

第一节 有 效 数 字

实验中经常需要对某些物理量(如质量、体积等)进行测量,从中获得一些数值。对测量数据所选取的位数,以及在计算时该选用几位数字,都受到所用仪器精密度的限制。而数值表示的正确与否,直接关系到实验的最终结果是否合理。

在实验中,数值可分为两类:一类是准确数值,另一类是近似数值。

计算式中的分数、倍数、度量单位间的比率等都是自然数,认为是足够准确的。例如,化学反应中各物质的量的变化关系是按照化学计量数进行的(如 H_2SO_4 与 NaOH 之间按 1∶2 进行反应),1g = 1000mg 等,像数字"2""1000"是足够准确的。

一切测量的数值都属于近似数值。用仪器进行物理量测量时,除了从仪器的刻度上可读出准确的数字外,还需多估计一位数字。

一个物理量的测量值可用若干位数的数字记录下来,但其最后一位应是不定值或估算值。测量时一个包含最后一位不定值的数值中的数字称为有效数字,其数值有多少位就叫多少位有效数字。即从仪器上能够直接读出(包括最后一位估计读数在内)的几位数字称为有效数字。显然有效数值的有效数字与测量用的仪器的精密度有关。例如,某物体在台式天平上称量得5.6g,由于台式天平的精密度为0.1g,因此物体的质量为 5.6g±0.1g,它的有效数字是 2 位。如果该物体在分析天平上称量,得 5.6155g,由于分析天平的精密度为 0.0001g,因此该物体的质量为 5.6155g±0.0001g,它的有效数字是 5 位。又如,用滴定管移取液体,能估读到0.01mL,若其读数为24.43mL,它的有效数字是4位。

可见在有效数字中最后一位不是十分准确的。因此任何超过或低于仪器精密度的有效数字都是不恰当的。例如,前述滴定管读数为 23.43mL,不能当作 23.430mL,也不能当作 23.4mL,因为前者夸大了实验的准确度,而后者却缩小了实验的准确度。

有效数值的位数可以用下面几个数值来说明,例如:对于数值 23.00、23.0、23、0.2030、0.0203、0.0023,有效数字位数分别为 4 位、3 位、2 位、4 位、3 位、2 位。可以看出数字 1~9 都是有效数字,而"0"是否为有效数字,应视具体情况而定。

(1)夹在数字中间的 0 是有效数字,如 1.055 中的 0。

(2)在数字最前面的 0 不是有效数字,例如 0.01254g,在 1 之前的 0 不是有效数字;因为如果改用 mg 为单位时,此数值为 12.54mg,不论用 g 或 mg 表示此数值,都是 4 位有效数字。

(3)在数字最末尾的 0 是否是有效数字与测量的精确度有关,如用万分之一的天平称取某物质的质量为 1.5000g,5 以后的 3 个 0 都是有效数字;若用分度值为 0.1g 的电子天平称量,则为 1.50g,是 3 位有效数字,而不应记为 1.5000g。末尾为多个零的整数如 5000,为明确其有效数字位数可用指数表示,记为 5.0×10^3 表示两位有效数字,记为 5.00×10^3 表示三位有效数字。

一、数字的修约

在有效数字运算中常常将一些位数过多的数值修约为位数较少的数值,以前采用的方法是"四舍五入",现在多采用"四舍六入五留双"的方法。"留双"是指被修约的一位是 5 时,5 前一位为偶数则 5 舍弃,为奇数则进 1 使之成偶数。如 12.345 要修约为 4 位数时应为 12.34,而 12.355 则修约为 12.36。但若被修约的 5 后面还有大于 0 的数时则应进 1,如 12.3451 修约为 4 位有效数字时,因被修约的数 5 后面还有 1,应进 1 则为 12.35。

在计算过程中,有效数字的取舍也很重要。计算结果必须遵循运算法则,并对有效数字进行舍弃。现就加减、乘除和对数运算法则加以说明。

二、有效数字的加减法

计算结果的有效数字位数应与加减数值中绝对误差最小的或小数点后位数最少的相同。

如:
$$\begin{array}{r} 0.0121 \\ 1.0568 \\ +25.64 \\ \hline 26.7089 \end{array}$$

显然,这三个数值之和只应保留小数点后第二位,因为第三个数值 25.64 的"4"已经不是准确的,再保留小数点后第三位及以后的数字是没有意义的。在计算中,一般先采用"四舍六入五留双"的规则进行修约,弃去有效数字位数过多的数字,再进行计算。例如,上述三个数值之和可写为:

$$\begin{array}{r} 0.01 \\ 1.06 \\ +25.64 \\ \hline 26.71 \end{array}$$

三、有效数字的乘除法

计算结果的有效数字位数应与各数值中有效数字位数最少的或相对误差最大的相同,而与小数点的位置无关。例如,0.0121、1.0568 和 25.64 这三个数值相乘时,其积应为 $0.0121 \times 1.06 \times 25.6 = 0.328$。各数值的有效数字都只要保留三位,因为第一个数值(0.0121)只有三位有效数字,是所有数值中有效数字位数最少的一个。

四、对数中的有效数字

对数中有效数字的位数应与真数的有效数字位数相同。例如,溶液中氢离子浓度 $c(H^+) = 6.8 \times 10^{-3}$ mol/L,其 pH 值为:

$$pH = -\lg\frac{c(H^+)}{c^\theta} = -\lg\frac{6.8\times10^{-3}}{1} = 3 - 0.83 = 2.17$$

这是由于真数 6.8×10^{-3} 的有效数字位数为 2 位，其对数的尾数只能取 2 位有效数字（0.83），其首数 3 来自被认为是足够准确的负指数，所以 pH 值的有效数字实际的位数应是 2 位（0.17），而不是三位。

第二节　误　差

一、准确度与误差

准确度指测量值与真实值之间的差值，用"误差"表示。误差越小，表示测量值与真实值越接近，则测定结果的准确度越高。反之，准确度越低。

二、误差的种类及产生的原因

误差根据产生的原因不同，可分为系统误差和偶然误差。

1. 系统误差

系统误差又称可测误差，它是由某种固定的原因引起的，分为方法误差（由测定方法本身引起的）、仪器误差（仪器本身精密度不够引起的）、试剂误差（试剂纯度不够引起的）、操作误差（正常操作情况下，操作者本身的原因引起的）。这些情况产生的误差，在同一条件下重复测定时会重复出现。增加平行测定的次数，采取数理统计的方法不能消除系统误差。

系统误差可通过采用标准方法或标准样品进行对照实验、空白实验、校准仪器等方法进行修正。

2. 偶然误差

偶然误差又称随机误差，是由一些难以控制的某些偶然因素引起的误差，如测定时的温度变化、气压的微小波动、仪器性能的微小变化、操作人员对各份试样处理时的微小差别等。由于引起的原因有偶然性，所以造成的误差是可变的，时大时小，有时是正值有时是负值。通过多次平行实验并取结果的平均值，可减少偶然误差。在消除了系统误差的情况下，平行测定的次数越多，测定结果的平均值越接近真实值。

除上述两种误差外，还有因工作疏忽、操作马虎等引起的过失误差，如试剂用错、读数看错、砝码认错或计算错误等，均可引起较大的误差，这些都应力求避免。

三、误差的计算

误差分为绝对误差和相对误差，其计算方法如下：

$$绝对误差(E) = 测量值(x) - 真实值(T) \tag{3-1}$$

$$相对误差(E\%) = \frac{测量值(x) - 真实值(T)}{真实值(T)} \times 100\% \tag{3-2}$$

误差有正负之分。正值表示测量结果偏高，负值表示测量结果偏低。

四、精密度与偏差

精密度是指在相同条件下多次平行测定的结果相互吻合的程度,表征了测定结果的重现性。精密度用"偏差"表示。偏差越小,表明测定结果的精密度越高。

偏差分为绝对偏差和相对偏差。计算方法如下:

$$绝对偏差(d) = 测量值(x) - 真实值(\bar{x}) \tag{3-3}$$

$$相对偏差(d\%) = \frac{绝对偏差}{平均值} \times 100\% \tag{3-4}$$

即:

$$d\% = \frac{d}{x} \times 100\% \equiv \frac{x - \bar{x}}{x} \times 100\% \tag{3-5}$$

绝对偏差是单次测定值与平均值的差值。相对偏差是绝对偏差在平均值中所占的百分率。绝对偏差和相对偏差都只是表示了单次测定结果对平均值的偏离程度。为了更好地表达精密度,在实验数据的处理上常用平均偏差和相对平均偏差来衡量总测定结果的精密度,分别表示为:

$$平均偏差(\bar{d}) = \frac{|d_1| + |d_2| + |d_3| + \cdots + |d_n|}{n} \tag{3-6}$$

$$相对平均偏差(\bar{d}\%) = \frac{\bar{d}}{x} \times 100\% \tag{3-7}$$

式中:n——测定次数;

$|d_n|$——第 n 次测定结果的绝对偏差的绝对值。

平均偏差和相对平均偏差皆为正。

五、准确度与精密度的关系

系统误差是测量误差的主要来源,它影响测定结果的准确度。偶然误差影响结果的精密度。测定结果的准确度高,表明精密度也好,即表明每次测定结果的再现性好。若精密度差,则测定结果不可靠,就谈不上准确度。

精密度是准确度的先决条件。要想得到高的准确度,必须保证好的精密度,但精密度好,不一定准确度就高。只有在消除了系统误差之后,才能做到既有好的精密度,又有高的准确度。因此,在评价测定结果的时候,必须将系统误差和偶然误差的影响结合起来考虑,以提高测定结果的准确性。

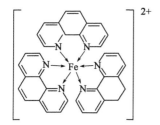

 ## 实验内容篇

第四章　基础型试验

第五章　综合型实验

第六章　创新型实验

第四章 基础型实验

实验一 一般溶液的配制

一、实验目的

(1)学习试剂的取用、电子天平的使用等基本操作。
(2)学习一般溶液的配制方法。

二、仪器和试剂

1. 仪器
电子天平(精度0.01g),烧杯,量筒,试剂瓶等。

2. 试剂
(1)NaOH(固)。
(2)H_2SO_4(浓)。
(3)HCl(浓)。
(4)蒸馏水等。

三、实验步骤

1. 配制500mL 0.1 mol/L NaOH溶液

首先计算出所需NaOH固体的质量,按固体试剂取用规则,在电子天平上用烧杯称取NaOH(不能用纸),加入少量蒸馏水,搅拌使其完全溶解,加水稀释至500mL。待溶液冷却后,再倒入试剂瓶内,贴好标签,备用。

2. 用浓HCl(12mol/L)配制250mL 0.1mol/L HCl溶液

计算出所需浓HCl的体积,按液体试剂取用规则,在通风橱内用量筒量取所需要的浓HCl,再加水稀释至250mL。倒入试剂瓶内,贴好标签,备用。

3. 用浓H_2SO_4(98.3%)配制100mL 3mol/L H_2SO_4溶液

计算出所需浓H_2SO_4的体积,按液体试剂取用规则,在通风橱内用量筒量取所需要的浓H_2SO_4,边搅拌边将浓H_2SO_4沿烧杯壁慢慢倒入约50mL水中(不要把水倒入浓硫酸中),然后再稀释至100mL,待冷至室温后倒入试剂瓶内,贴好标签,备用。

四、思考题

(1)稀释浓硫酸时,为什么是边搅拌边将浓H_2SO_4沿烧杯壁慢慢倒入水中,而不是把水倒入浓硫酸中?

(2) 配制 NaOH 溶液时,应选用何种天平称取试剂?

(3) $AgNO_3$、$KMnO_4$、KI 等见光易分解的溶液应如何保存?

实验二　简单玻璃工操作

一、实验目的

(1) 了解酒精喷灯的结构,掌握其使用方法。
(2) 了解玻璃管、玻璃棒的简单加工操作。

二、实验原理

酒精灯和酒精喷灯是无燃气的实验室中常用的加热仪器,酒精喷灯的灯焰可达 1000℃ 高温。酒精喷灯的类型很多,如座式喷灯、挂式喷灯、沸腾式喷灯等,一般由铜质或其他金属制成。座式酒精喷灯结构见图 4-1。

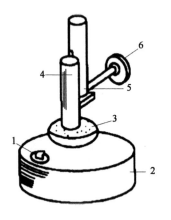

图 4-1　座式酒精喷灯
1-油孔;2-酒精储罐;3-预热盆;
4-金属管;5-喷火孔;
6-火力调节器

酒精通过油孔装入酒精储罐中,旋紧油孔铜帽,在预热盆中加入少量酒精,点燃。此时,沿金属管内的灯芯上升的酒精受热气化,由喷火孔冲出并自动点燃。火焰温度可由火力调节器进行调节,调节器上升,进入的空气多,酒精燃烧充分,则火焰集中,温度高。但不宜将调节器调得过高,否则进入的空气太多,将冲灭火焰。

储罐内酒精量不能超过储罐容量的 2/3,连续使用时间不能超过 30min;如需超过 30min 以上,可在 30min 时熄灭喷灯,待冷却后添加酒精,再继续使用。若使用过程中发现喷火不畅,应在熄灭火焰后,用金属通针扎通喷火孔;喷灯使用一段时间后,应清洗酒精储罐,更换灯芯。

三、仪器和试剂

1. 仪器

酒精喷灯,玻璃管,玻璃棒。

2. 试剂

无水乙醇(A.R)。

四、实验步骤

1. 截断玻璃管(棒)

按需要截取一定长度的玻璃管(棒),操作时取一长玻璃管(棒),平放在桌面上,左手按在要截断位置的左边,右手持三角锉,用其棱边在玻璃管(棒)上用力向前或向后划一痕迹(只能按一个方向锉,不能来回锉)。锉痕应与玻璃管(棒)垂直,以使折断后的断面平整。若锉痕不明显,可在原处再锉一下。截断玻璃棒时,锉痕应适当深一些。然后双手持玻璃管(棒),使锉痕向外,用两手拇指在锉痕背面轻轻推压,同时两手食指向外拉,玻璃管(棒)便可折断。

2. 熔光玻璃管(棒)的断面

新截断的玻璃管(棒)断面锐利,极易划伤皮肤,且难以插入塞孔中,故需要熔光。操作时,手持玻璃管(棒),将截面斜插入氧化焰中,缓慢地转动使其受热均匀。加热片刻,即可使断面熔光圆滑。且不可长时间加热,以免管口口径缩小。

注意:酒精喷灯火焰一般由三个锥体部分组成,如图4-2所示。加热玻璃管时应将玻璃管放在火焰的2/3处(图4-2中的4处)旋转加热。

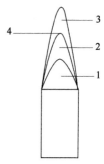

图4-2 火焰图
1-焰心;2-还原焰;3-氧化焰;
4-温度最高处

3. 弯曲玻璃管

先将玻璃管擦净,用小火预热。然后两手持玻璃管的两端,将要弯曲的位置斜插入氧化焰中,以增大玻璃受热的面积。此时缓慢均匀地转动玻璃管,使四周受热均匀,如图4-3所示。当玻璃管烧成黄色且手感加热处变软时,即自火焰中取出,稍等1~2s后,把它弯成一定的角度,如图4-4所示。

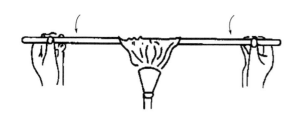

图4-3 加热玻璃管的方法

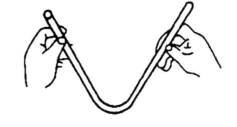

图4-4 弯曲玻璃管的手法

4. 拉细玻璃管

加热方法与弯曲玻璃管相似,但加热时间需长一些。待玻璃管变软呈红黄色后,两手轻轻向中间压缩,使玻璃管长度稍有缩短,管壁增厚,然后移出火焰,沿水平方向徐徐将玻璃管向两端拉开至玻璃管内径约为1mm。

注意:加热过的玻璃管(棒)需放在石棉网上冷却。

五、思考题

(1) 开始时为何要将火力调节器调至稍下部?

(2) 喷灯火焰分为几部分?一般放在何处加热?

实验三　醋酸电离常数和电离度的测定

一、实验目的

(1) 掌握弱电解质溶液电离度和电离常数的测定方法。
(2) 了解测定溶液 pH 值的原理，学习使用酸度计。
(3) 熟悉容量瓶的使用方法。

二、实验原理

醋酸是一种弱电解质，在水溶液中存在如下电离平衡：

$$HAc \rightleftharpoons H^+(aq) + Ac^-(aq)$$

一定温度下，平衡常数表达式见式(4-1)。

$$K = \frac{\{c(H^+) \cdot c(Ac^-)\}}{c(HAc)} \tag{4-1}$$

式(4-1)中，各括号中的浓度项均指平衡浓度。若醋酸的总浓度为 c，电离度为 α，在醋酸溶液中：$c(H^+) = c(Ac^-)$，$c(HAc) = c - c(H^+)$，则：

$$\alpha = \frac{c(H^+)}{c} \tag{4-2}$$

$$K = \frac{c^2(H^+)}{c - c(H^+)} \tag{4-3}$$

当 $\alpha < 5\%$ 时，

$$K \approx \frac{c^2(H^+)}{c} \tag{4-4}$$

本实验在室温下进行。在酸度计上测定不同浓度醋酸溶液的 pH 值，由 $pH = -\lg c(H^+)$，求出相应的 $c(H^+)$，从而计算出不同浓度下醋酸的电离度和电离常数。

三、仪器和试剂

1. 仪器

酸度计(PHS-2 型)，容量瓶(250mL)，烧杯(50mL)，吸量管(5mL、10mL)，温度计。

2. 试剂

HAc 标准溶液(约 0.5mol/L)：将 28.6mL 冰乙酸溶于少量蒸馏水中，转移至 1L 容量瓶，再用蒸馏水定容。

四、实验步骤

1. 配制不同浓度的醋酸溶液(两个组一起做,每组配一种溶液)

用吸量管分别取 5.00 mL 和 10.00 mL 已知准确浓度(约 0.5mol/L)的醋酸标准溶液于两个 250mL 容量瓶中,用蒸馏水稀释并摇匀,计算两个容量瓶中醋酸溶液的浓度。

2. 测定醋酸溶液的 pH 值

取两个容量瓶中的醋酸溶液和未稀释的醋酸标准溶液各约 25mL 于 3 个 50mL 干烧杯中,按浓度由小到大的次序在酸度计上分别测出它们的 pH 值。记录数据和室温。

3. 测完数据后,关闭电源开关,小心拆下电极,将复合电极放在电极盒内

五、数据记录和处理

本实验的记录格式见表 4-1。

醋酸电离度及电离常数　　　　　　　表 4-1

溶液编号	c(mol/L)	pH 值	$c(H^+)$	α	电离常数 K	
					测定值	平均值
1						
2						
3						

六、思考题

(1) 实验中测定不同浓度醋酸溶液的 pH 值时,为什么要用干燥的烧杯来盛放液体,若不用干烧杯应怎样操作?

(2) 若所用的醋酸溶液的浓度极小,是否还能用 $K \approx \dfrac{c^2(H^+)}{c}$ 求电离常数? 怎样判断?

(3) 由你的实验结果,计算电离度和电离常数。

实验四　滴定分析基本操作练习

一、实验目的

(1) 初步掌握滴定管、移液管的洗涤方法。
(2) 掌握滴定管、移液管、锥形瓶的使用方法。
(3) 练习滴定分析的基本操作。
(4) 通过甲基橙、酚酞指示剂的使用,初步熟悉判断滴定终点的方法。

二、实验原理

一定浓度的 HCl 溶液和 NaOH 溶液相互滴定,到达终点时,所消耗的两种溶液体积之比

应是一定的,因此,通过滴定分析的基本练习,可以检验滴定操作技术及判断滴定终点的能力。

滴定终点的判断是否正确,是影响滴定分析准确度的重要因素。滴定终点是根据指示剂颜色的变化来判断的,绝大多数指示剂的变色是可逆的,这有利于练习判断滴定终点。

本实验选用了两种常用的酸碱指示剂:甲基橙和酚酞。甲基橙的变色范围是 pH = 3.1(红色)~4.4(黄色),pH≈4.0 时为橙色。用 NaOH 溶液滴定 HCl 溶液时,终点颜色的变化为由橙色转变为黄色;用 HCl 溶液滴定 NaOH 溶液时,则由黄色转变为橙色。酚酞指示剂的变色范围为 pH = 8.0(无色)~10.0(红色)。用 NaOH 溶液滴定 HCl 溶液时,终点颜色由无色转变为微红色,并保持 30s 内不褪色;用 HCl 溶液滴定 NaOH 溶液时,溶液由红色变为无色,滴定过量无法判断。因此,用 HCl 溶液滴定 NaOH 溶液时,接近滴定终点时一定要缓慢,或改用其他指示剂。

三、主要仪器

酸式滴定管(50mL),碱式滴定管(50mL),移液管(25mL),锥形瓶(250mL)。

四、实验试剂

(1) HCl 溶液(0.1mol/L):量取浓盐酸溶液 9mL,置于 1000mL 的盛有少量蒸馏水的烧杯中,用水稀释至 1000mL 刻度,混匀,转入 1L 的试剂瓶中,贴好标签。

(2) NaOH 溶液(0.1mol/L):在电子天平上迅速称取 4g 固体 NaOH,置于预先盛有 1000mL 新煮沸的冷蒸馏水的烧杯中,使其全部溶解并混匀后,转入具有橡皮塞的 1L 试剂瓶中,贴好标签。

(3) 甲基橙指示剂(0.2%):将 0.2g 甲基橙溶解于 100mL 水中。

(4) 酚酞指示剂(0.2%乙醇溶液):将 0.2g 酚酞溶解于 100mL 95%乙醇中。

(5) 不含 CO_3^{2-} 的 NaOH 溶液的配制方法:

①用小烧杯于电子天平上称取较理论计算量稍多的 NaOH,用不含 CO_2 的蒸馏水迅速冲洗小烧杯两次,溶解并定容。

②制备饱和 NaOH 溶液(50%,Na_2CO_3 基本不溶),待 Na_2CO_3 下沉后,取上层清液用不含 CO_2 的蒸馏水稀释。

③于 NaOH 溶液中,加少量 $Ba(OH)_2$ 或 $BaCl_2$,取上层清液用不含 CO_2 的蒸馏水稀释。

五、实验步骤

1. 酸式滴定管的准备

取 50mL 酸式滴定管一支,其旋塞涂以凡士林,检漏、洗净后,用所配制的 HCl 溶液将滴定管洗涤三次(每次用约 10mL),再将 HCl 溶液直接由试剂瓶倒入滴定管内至刻度"0"以上,排除出口管内气泡,调节管内液面至"0.00"mL 处。

2. 碱式滴定管的准备

碱式滴定管经安装橡皮管和玻璃珠、检漏、洗净后,用所配制的 NaOH 溶液将滴定管洗涤三次(每次用约 10mL),再将 NaOH 溶液直接由试剂瓶倒入滴定管内至刻度"0"以上,排除出口管内气泡,调节管内液面至"0.00"mL 处。

3. 移液管的准备

移液管洗净后,以待吸溶液洗涤三次待用。

4. 以甲基橙为指示剂,用 HCl 溶液滴定 NaOH 溶液

由碱式滴定管放出 20~25mL(读至 0.01mL) NaOH 溶液于 250mL 锥形瓶中,放出速度为 10mL/min,加甲基橙指示剂 2~3 滴,用 HCl 溶液滴定至溶液刚好由黄色变为橙色,即为终点。平行测定至少三次,要求测定的相对平均偏差在 0.2% 以内。

5. 以酚酞为指示剂,用 NaOH 溶液滴定 HCl 溶液

用移液管移取 25.00mL HCl 溶液于 250mL 锥形瓶中,加酚酞指示剂 2~3 滴,用 NaOH 溶液滴定至微红色,并保持 30s 内不褪色,即为终点。平行测定至少三次。要求测定的相对平均偏差在 0.2% 以内。

六、数据记录与结果的处理

数据记录请参考数据记录表,并将数据填入表 4-2 和表 4-3 内。

1. HCl 滴定 NaOH(指示剂:甲基橙)

HCl 滴定 NaOH 数据记录与计算表　　　　　表 4-2

平行测定次数		1	2	3
NaOH 溶液	v_{NaOH} 终读数(mL)			
	v_{NaOH} 初读数(mL)			
	v_{NaOH}(mL)			
HCl 溶液	v_{HCl} 终读数(mL)			
	v_{HCl} 初读数(mL)			
	v_{HCl}(mL)			
v_{NaOH}/v_{HCl}				
v_{NaOH}/v_{HCl}(平均)				
平均偏差				
相对平均偏差(%)				

2. NaOH 滴定 HCl(指示剂:酚酞)

NaOH 滴定 HCl 数据记录与计算表　　　　　表 4-3

平行测定次数		1	2	3
HCl 溶液	v_{HCl}(mL)	25.00	25.00	25.00
NaOH 溶液	v_{NaOH} 终读数(mL)			
	v_{NaOH} 初读数(mL)			
	v_{NaOH}(mL)			

续上表

平行测定次数	1	2	3
v_{NaOH}/v_{HCl}			
v_{NaOH}/v_{HCl}（平均）			
平均偏差			
相对平均偏差(%)			

七、注意事项

(1) 滴定管、移液管的洗涤用稀释的洗洁精或洗衣粉水，不能用去污粉。

(2) 酸式滴定管在洗涤和涂凡士林的过程中，切勿让旋塞跌落。

(3) 每次滴定尽量从"0"刻度开始。

八、思考题

(1) 配制 NaOH 溶液时，应选用何种天平称取试剂？为什么？

(2) HCl 和 NaOH 溶液能直接配制出准确浓度的溶液吗？为什么？

(3) 在滴定分析实验中，滴定管和移液管为何需用滴定剂和待移取的溶液润洗几次？锥形瓶是否也要用滴定剂润洗？

(4) HCl 和 NaOH 溶液定量反应完全后，生成 NaCl 和 H_2O，为什么用 HCl 滴定 NaOH 时，采用甲基橙指示剂，而用 NaOH 滴定 HCl 时，使用酚酞或其他合适的指示剂？

实验五 盐酸和氢氧化钠标准溶液的配制方法

一、实验目的

(1) 掌握滴定操作并学会正确判断滴定终点。

(2) 学会配制和标定酸碱标准溶液的方法。

二、实验原理

浓盐酸和氢氧化钠是酸碱滴定中最常用来配制标准溶液的酸和碱。由于浓盐酸极易挥发，而氢氧化钠易吸收空气中的水分和 CO_2，不能用它们来直接配制标准溶液。配制盐酸和氢氧化钠标准溶液时，只能先配制成近似浓度的溶液，然后用基准物质标定它们的准确浓度，或者用另一种已知准确浓度的标准溶液标定该溶液，再根据它们的体积求该溶液的准确浓度。

标定盐酸溶液的基准物质，常用的是无水碳酸钠。其反应式如下：

$$Na_2CO_3 + 2HCl = 2NaCl + H_2O + CO_2 \uparrow$$

滴定至反应完全时,溶液的 pH 约为 3.89,通常选用甲基橙做指示剂。还可以用已知准确浓度的氢氧化钠溶液来标定盐酸溶液。

标定氢氧化钠溶液的基准物质有邻苯二甲酸氢钾,其反应式如下:

$$KHC_8H_4O_4 + NaOH =\!=\!= KNaC_8H_4O_4 + H_2O$$

此外,还可用已知准确浓度的盐酸溶液来标定氢氧化钠溶液。化学计量点时溶液呈中性,pH 的突跃范围约为 4~10,可选用甲基橙、甲基红、酚酞做指示剂。

三、主要仪器

分析天平,干燥器,称量瓶,碱式滴定管(50mL),酸式滴定管(50mL),锥形瓶(250mL),烧杯(1L),洗瓶,试剂瓶(1000mL)。

四、实验试剂

(1) 浓盐酸(12mol/L)。
(2) 氢氧化钠(固体)。
(3) 基准 Na_2CO_3(在 270℃ 左右烘干后,保存于干燥器中)。
(4) 甲基橙指示剂(0.2%):将 0.2g 甲基橙溶解于 100mL 水中。
(5) 基准 $KHC_8H_4O_4$:(在 105~110℃ 下干燥后储存于干燥器中备用)。
(6) 酚酞指示剂(0.2% 乙醇溶液):将 0.2g 酚酞溶解于 100mL 95% 乙醇中。

五、实验步骤

1. 0.1mol/L HCl 溶液的配制

用量筒量取浓盐酸 9mL,倒入预先盛有适量水的烧杯中,加水稀释至 1L,摇匀,转移至 1L 的试剂瓶中。

2. 0.1mol/L NaOH 溶液的配制

用表面皿称取 4g 固体 NaOH,用适量水溶解,倒入 1L 的烧杯中,用新煮沸的冷蒸馏水稀释至 1L,摇匀,转移至具有橡皮塞的试剂瓶中。

3. 盐酸溶液浓度的标定

用差减法准确称取无水 Na_2CO_3 三份,每份约 0.15~0.2g,分别置于 250mL 锥形瓶中,加水 50mL 溶解,摇匀,加 2 滴甲基橙指示剂,用盐酸溶液滴定至溶液由黄色变为橙色,即为终点。由 Na_2CO_3 的质量和实际消耗盐酸溶液的体积,计算盐酸溶液的准确浓度。用同样的方法滴定另两份 Na_2CO_3。标定好的盐酸溶液,贴好标签,妥善保存,以备以后实验用。

4. NaOH 溶液浓度的标定

称取 $KHC_8H_4O_4$ 0.4~0.5g 三份,分别置于三个 250mL 锥形瓶中,加水 50mL 溶解,再加酚酞指示剂 2 滴,用 NaOH 溶液滴定至溶液由无色变为微红色并保持 30s 不褪色,即为终点。计算 NaOH 溶液的浓度。贴好标签,妥善保存,以备以后实验用。

六、数据记录与计算

数据记录请参考数据记录表,并将数据填入表 4-4 和表 4-5 内。

1. HCl 标准溶液的配制

HCl 标准溶液的配制数据记录与计算表　　　表 4-4

项目 \ 次数	1	2	3
无水碳酸钠质量(g)			
HCl 终读数(mL)			
HCl 初读数(mL)			
v_{HCl}(mL)			
c_{HCl}(mol/L)			
盐酸溶液的平均浓度(mol/L)			
个别测定的绝对偏差 d_i			
平均偏差			
相对平均偏差			

2. NaOH 溶液浓度的标定

NaOH 溶液标定的数据记录与计算表　　　表 4-5

项目 \ 次数	1	2	3
$KHC_8H_4O_4$ 质量(g)			
NaOH 终读数(mL)			
NaOH 初读数(mL)			
v_{NaOH}(mL)			
c_{NaOH}(mol/L)			
NaOH 溶液的平均浓度(mol/L)			
个别测定的绝对偏差 d_i			
平均偏差			
相对平均偏差			

七、思考题

(1) NaOH 溶液为何要用新煮沸的冷蒸馏水配制?配制好的 NaOH 溶液能否在空气中

久置？为什么？

(2) 基准物质应具备哪些条件？

(3) 讨论本实验的误差来源，如何防止和减少这些误差？

实验六　混合碱的分析（双指示剂法）

一、实验目的

(1) 学习双指示剂法测定混合碱中碱组分含量的原理和方法。

(2) 掌握盐酸标准溶液的配制和标定方法。

二、实验原理

常见的混合碱系 Na_2CO_3 与 NaOH 或 $NaHCO_3$ 与 Na_2CO_3 的混合物。混合碱中各组分可用酸碱滴定法滴定分析。其分析方法有两种：双指示剂法和氯化钡法。其中双指示剂法简便、快速，在生产实际中应用较广。

所谓双指示剂法就是分别以酚酞和甲基橙为指示剂，在同一份溶液中用盐酸标准溶液作滴定剂进行连续滴定，根据两个终点所消耗的盐酸标准溶液的体积计算混合碱中各组分的含量。

首先在混合碱试液中加入酚酞指示剂（变色 pH 范围为 8.0~10.0），此时溶液呈现红色。用盐酸标准溶液滴定至溶液由红色恰变为无色时，试液中所含 NaOH 被完全滴定，Na_2CO_3 被滴定成 $NaHCO_3$，而 $NaHCO_3$ 则不发生反应。反应式如下：

$$NaOH + HCl \xrightarrow{酚酞} NaCl + H_2O$$

$$Na_2CO_3 + HCl \xrightarrow{酚酞} NaCl + NaHCO_3$$

设滴定体积为 v_1(mL)。再加入甲基橙指示剂（变色 pH 范围为 3.1~4.4），继续用盐酸标准溶液滴定，当溶液由黄色转变为橙色即为终点。设此时所消耗盐酸溶液的体积为 v_2(mL)。反应式为：

$$NaHCO_3 + HCl \xrightarrow{甲基橙} NaCl + CO_2\uparrow + H_2O$$

根据 v_1、v_2 可分别计算混合碱中 NaOH 与 Na_2CO_3 或 $NaHCO_3$ 与 Na_2CO_3 的含量。

当 $v_1 > v_2$ 时，试样为 Na_2CO_3 与 NaOH 的混合物。中和 Na_2CO_3 所需 HCl 是由两次滴定加入的，两次用量应该相等。而中和 NaOH 时所消耗的 HCl 量应为 $(v_1 - v_2)$，故 NaOH 和 Na_2CO_3 的质量分数的计算分别见式 4-5 和式 4-6。

$$w(NaOH) = \frac{(v_1 - v_2) \times c(HCl) \times M(NaOH)}{m_s} \tag{4-5}$$

$$w(\mathrm{Na_2CO_3}) = \frac{v_2 \times c(\mathrm{HCl}) \times M(\mathrm{Na_2CO_3})}{m_s} \tag{4-6}$$

当 $v_1 < v_2$ 时，试样为 $\mathrm{Na_2CO_3}$ 与 $\mathrm{NaHCO_3}$ 的混合物，此时 v_1 为滴定 $\mathrm{Na_2CO_3}$ 成 $\mathrm{NaHCO_3}$ 时所消耗的 HCl 溶液体积，滴定原试样中 $\mathrm{NaHCO_3}$ 所用 HCl 的量应为 $(v_2 - v_1)$，所以，$\mathrm{NaHCO_3}$ 和 $\mathrm{Na_2CO_3}$ 的质量分数的计算公式分别见式(4-7)和式(4-8)。

$$w(\mathrm{NaHCO_3}) = \frac{(v_2 - v_1) \times c(\mathrm{HCl}) \times M(\mathrm{NaHCO_3})}{m_s} \tag{4-7}$$

$$w(\mathrm{Na_2CO_3}) = \frac{v_1 \times c(\mathrm{HCl}) \times M(\mathrm{Na_2CO_3})}{m_s} \tag{4-8}$$

在双指示剂法中，传统的方法是先用酚酞，后用甲基橙作指示剂，用 HCl 标准溶液滴定。由于酚酞变色不很敏锐，人眼观察这种颜色变化的灵敏性稍差些，因此也常选用甲酚红-百里酚蓝混合指示剂，其酸色为黄色，碱色为紫色，变色点 pH 为 8.3。当 pH 为 8.2 时呈玫瑰色，当 pH 为 8.4 时显清晰的紫色，此混合指示剂变色敏锐，用盐酸滴定剂滴定至溶液由紫色变为粉红色，即为终点。

三、仪器和试剂

1. 仪器

酸式滴定管(50mL)，容量瓶(250mL)，移液管(25mL)，锥形瓶(250mL)。

2. 试剂

(1) HCl 溶液 0.1mol/L：用量筒量取 9mL 浓 HCl 倒入烧杯中，加水稀释至 1L，转移至试剂瓶中。因浓 HCl 挥发性很强，操作应在通风橱中进行。按实验四的方法进行标定。

(2) 无水 $\mathrm{Na_2CO_3}$ 基准物质：于 180℃温度下干燥 2~3h，置于干燥器内冷却备用。

(3) 酚酞指示剂(0.2%)：将 0.2g 酚酞溶于 100mL 95% 的乙醇中。

(4) 甲基橙指示剂(0.2%)：将 0.2g 甲基橙溶解于 100mL 水中。

(5) 混合碱试样。

四、实验步骤

用称量瓶以差减称样法准确称取混合碱试样 1.3~1.5g 于 250mL 烧杯中，加少量新煮沸的冷蒸馏水，搅拌使其完全溶解后，定量转入 250mL 容量瓶中，用新煮沸的冷蒸馏水稀释至刻度，充分摇匀。

用移液管吸取 25.00mL 上述试液三份，分别置于 250mL 锥形瓶中，加 50mL 新煮沸的冷蒸馏水，再加 1~2 滴酚酞指示剂，用盐酸标准溶液滴定至溶液由红色恰好褪至无色，即为第一终点，记下所消耗 HCl 标准溶液的体积 V_1，再加入甲基橙指示剂 1~2 滴，继续用盐酸标准溶液滴定至溶液由黄色恰变为橙色，即为第二终点，消耗 HCl 的体积记为 v_2，根据 v_1 和 v_2 计算混合碱中各组分的含量。

五、数据记录与计算

数据记录请参考数据记录表，并将数据填入表 4-6 内。

混合碱溶测定的数据记录与计算表　　　　　　　　表 4-6

项目 \ 次数	1	2	3
称取混合碱质量(g)			
吸取碱液体积(mL)		25.00	
吸取液相当于原试样质量(g)			
v_1(mL)			
v_2(mL)			
x_{NaOH}			
$\bar{x}_{NaOH}$			
个别测定的绝对偏差 d_i			
平均偏差 $\bar{d}$			
相对平均偏差 $\dfrac{\bar{d}}{\bar{x}}\times 100\%$			
$x_{Na_2CO_3}$			
$\bar{x}_{Na_2CO_3}$			
个别测定的绝对偏差 d_i			
平均偏差 $\bar{d}$			
相对平均偏差 $\dfrac{\bar{d}}{\bar{x}}\times 100\%$			

六、思考题

(1) 什么叫"双指示剂法"？欲测定混合碱的总碱度，应选用何种指示剂？

(2) 本实验中为什么要把试样溶解制成 250mL 溶液后再吸取 25.00mL 进行测定，而不直接称取 0.13~0.15g 试样直接进行测定？

(3) 混合指示剂的变色原理是什么？有何优点？

(4) 第一终点时若消耗 HCl 标液的体积过大，实验现象如何？对实验结果有何影响？

实验七　EDTA 标准溶液的配制与标定

一、实验目的

(1) 了解 EDTA 标准溶液的配制和标定原理。

(2) 掌握常用的标定 EDTA 的方法。

二、实验原理

乙二胺四乙酸二钠(简写为 EDTA)在水中的溶解度为 120g/L,可以配制成 0.3 mol/L 以下的溶液。常因吸附水分和其中含有少量杂质而不能直接用来配制标准溶液,只能用间接法配制。在滴定分析中常配成 0.02 mol/L 的溶液,用 $CaCO_3$、纯金属 Zn、Pb、Bi、Cu 等作基准物质标定其浓度。本实验采用 $CaCO_3$。

用 $CaCO_3$ 作基准物质标定 EDTA 溶液的浓度时,调节溶液 pH≥12.0,选用钙指示剂,滴定到溶液由酒红色变为纯蓝色,即为终点。若有 Mg^{2+} 共存,变色更敏锐。

$$CaCO_3 + 2HCl = CaCl_2 + H_2O + CO_2\uparrow$$

$$Ca^{2+} + Y^{4-} \rightleftharpoons CaY^{2-}$$

$$pH \geqslant 12, HInd^{2-} + Ca^{2+} \rightleftharpoons CaInd^- + H^+$$
$$\qquad\qquad\quad 蓝色 \qquad\qquad\qquad 酒红色$$

$$CaInd^- + Y^{4-} \rightleftharpoons CaY^{2-} + Ind^{3-}$$
$$\quad 酒红色 \qquad\qquad\qquad\qquad 蓝色$$

用钙指示剂,酒红色→纯蓝色。

三、主要仪器

分析天平,烧杯(250mL),表面皿,容量瓶(250mL),移液管(25mL),酸式滴定管(50mL),锥形瓶(250mL)。

四、实验试剂

(1) EDTA 溶液(0.02mol/L):称取 7.6g EDTA,溶解于 300~400mL 温水中,加水稀释至 1L,充分摇匀。待标定。

(2) $CaCO_3$ 基准物质:110℃烘干至恒重,干燥器内保存待用。

(3) HCl 溶液(1+1):将浓盐酸以同体积水稀释。

(4) $MgSO_4$ 溶液(0.5%):将 5g $MgSO_4$ 溶于水配成 100mL 溶液。

(5) NaOH 溶液(10%):将 10g NaOH 溶于水配成 100mL 溶液。

(6) 钙指示剂(1+50):称取钙指示剂与干燥处理后的 KNO_3 按 1∶50 混合研磨,放入磨口棕色小试剂瓶中,保存在干燥器内。

五、实验步骤

准确称取 $CaCO_3$ 0.5~0.6g,置于 250mL 烧杯中,加少量水润湿,盖好表面皿,从杯嘴沿玻璃棒滴加 10mL HCl 溶液(1+1),使之完全溶解,加热煮沸,冷却后,定量装入 250mL 容量瓶中,加水稀释至刻度,充分摇匀。根据 $CaCO_3$ 的质量计算钙离子的准确浓度。

用移液管移取 25.00mL Ca^{2+} 标准溶液于 250mL 锥形瓶中,加水 25mL,Mg^{2+} 溶液 2mL,10% NaOH 溶液 10mL,再加入适量钙指示剂(约 10mg),摇匀后,用 EDTA 标准溶液滴定,至溶液由酒红色变为纯蓝色,即为终点。平行测定三份,然后计算 EDTA 溶液的准确浓度。

六、数据记录与处理

数据记录请参考数据记录表,并将数据填入表 4-7 内。

EDTA 标准溶液配制的记录与计算表 表 4-7

项目＼次数	1	2	3
m_{CaCO_3}(g)			
$c_{Ca^{2+}}$(mol/L)			
吸取 Ca^{2+} 溶液体积(mL)		25.00	
吸取液相当于基准物质的质量(g)			
v_{EDTA}(mL)			
c_{EDTA}(mol/L)			
$\bar{c}_{EDTA}$(mol/L)			
测定的平均偏差(mol/L)			
相对平均偏差			

七、注意事项

(1)用 $CaCO_3$ 标定 EDTA 溶液时,为了提高指示剂变色的敏锐性,加入了 Mg^{2+} 溶液,此时溶液 pH≥12.0,主要以 $Mg(OH)_2$ 沉淀的形式存在,溶液中的 Mg^{2+} 浓度极小,不会影响测定结果。否则 Mg^{2+} 要与 EDTA 配位,影响滴定结果。

也可以不加 Mg^{2+} 溶液。

(2)钙指示剂用量不能太大,应适量,10mg 左右即可。量太大,颜色太深,不易观察;量太小,颜色太浅,不明显。

(3)储存 EDTA 溶液应选用硬质玻璃瓶,尤其是长期储存 EDTA 溶液的瓶子,以免 EDTA 与玻璃中的金属离子作用。如用聚乙烯瓶储存则更好。

八、思考题

(1)配位滴定法中常使用缓冲溶液,为什么?
(2)加入 Mg^{2+} 后,在滴定条件下是否会影响滴定结果?为什么?

实验八　工业用水总硬度的测定

一、实验目的

(1) 了解常用的表示水硬度的方法。
(2) 掌握配位滴定法测定工业用水总硬度的原理和方法。
(3) 掌握铬黑 T 指示剂的使用条件。

二、实验原理

1. 基本原理

水的硬度主要用配位滴定法进行测定,滴定剂用 EDTA。

在 pH≈10 的氨性缓冲溶液中,用铬黑 T 作指示剂进行滴定,溶液由酒红色变为纯蓝色即为终点。滴定时,Fe^{3+}、Al^{3+} 等干扰离子用三乙醇胺及酒石酸钾钠掩蔽,少量 Cu^{2+}、Pb^{2+}、Zn^{2+} 等可用 KCN、Na_2S 等掩蔽。

2. 水硬度的表示方法

水的硬度大小是以 Ca、Mg 总量折算成 CaO 的量来衡量的,各国采用的硬度单位有所不同。

(1) 德国硬度

1 德国硬度(10DH)相当于 CaO 含量为 10mg/L(或以 CaO 的物质的量浓度表示为0.178 mmol/L)所引起的硬度。

(2) 英国硬度

1 英国硬度(10Clark)相当于 $CaCO_3$ 含量为 14.3mg/L(或以物质的量浓度表示为 0.143mmol/L)所引起的硬度。

(3) 法国硬度

1 法国硬度(10degreef)相当于 $CaCO_3$ 含量为 10mg/L(或以物质的量浓度表示为 0.1mmol/L)所引起的硬度。

(4) 美国硬度

1 美国硬度相当于 $CaCO_3$ 含量为 1mg/L(或以物质的量浓度表示为 0.01mmol/L)所引起的硬度。

日本硬度与美国相同。

我国通常以 10mg/L CaO 或 1mg/L $CaCO_3$ 表示水的硬度。

水的硬度按德国标准可分为五种:

极软水:0～40DH;

软水:40～80DH;

微硬水:80～160DH;

硬水:160～300DH;

极硬水:>300DH。

三、主要仪器

酸式滴定管(50mL),移液管(50mL),锥形瓶(250mL)。

四、实验试剂

(1) EDTA 标准溶液(0.02mol/L):配制方法见本章实验七。

(2) 氨-铵缓冲溶液(pH=10):将 54g 氯化铵溶于无二氧化碳的蒸馏水中,加浓氨水(相对密度0.90)410mL,然后用蒸馏水稀释至 1000mL。

(3) 铬黑 T 指示剂(1:100):将铬黑 T 指示剂与固体 NaCl 按(1:100)混合研磨均匀,储存于磨口试剂瓶中,置于干燥器内保存。

(4) 三乙醇胺溶液(1:2):将 1 体积三乙醇胺用 2 体积水稀释混匀。

五、实验步骤

吸取水样 50mL 于 250mL 锥形瓶中,加入三乙醇胺溶液 3mL,摇匀后再加入氨-铵缓冲溶液 5mL 及少许铬黑 T 指示剂,摇匀,用 EDTA 标准溶液滴定至溶液由酒红色变为纯蓝色,即为终点。平行测定三次。根据 EDTA 溶液的体积 v 计算水样的硬度。计算结果时,把 Ca、Mg 总量折算成 CaO(以 10mg/L 计)。

六、数据记录与计算

数据记录请参考数据记录表,并将数据填入表 4-8 内。

工业用水总硬度测定的记录与计算表 表 4-8

项目＼次数	1	2	3
吸取水样体积(mL)			
c_{EDTA}(mol/L)			
v_{EDTA}(mL)			
硬度(CaO)(mg/L)			
平均硬度(CaO)(mg/L)			
测定的平均偏差(mg/L)			
相对平均偏差			

七、注意事项

(1) 测定工业用水前应针对水样情况进行适当的预处理:
① 水呈酸性或碱性时,要预先中和;
② 水样如含有机物,颜色较深,需用 2mL 浓盐酸及少许过硫酸铵加热脱色后再测定;

③水样浑浊需先过滤(但应注意用纯水将滤纸洗净后使用);

④水样含有较多 CO_3^{2-} 时,需先加酸煮沸,除去 CO_2 后,再滴定。

(2)当水样中 Mg^{2+} 含量较低时,铬黑 T 变色不敏锐,可加入一定量的 Mg-EDTA 混合液,以增加溶液中 Mg^{2+} 含量,使终点变色敏锐。

(3)EDTA-2Na·$2H_2O$ 在水中溶解较慢,可加热使其溶解或放置过夜。

(4)铬黑 T 指示剂的用量不可过大,否则影响终点的判断。

(5)加入氨试剂时要慢慢加入,仔细观察白色混浊的出现,不可加过量,否则 pH 值过大使终点不明显。

八、思考题

(1)水的硬度表示方法有哪些?我国如何表示水的硬度?

(2)本实验为什么用铬黑 T 指示剂,能用二甲酚橙指示剂吗?

(3)水中含有 Fe^{3+}、Al^{3+} 时,是否干扰测定?解释原因。

实验九　高锰酸钾标准溶液的配制与标定

一、实验目的

(1)了解高锰酸钾标准溶液的配制方法和保存条件。

(2)掌握用 $Na_2C_2O_4$ 作基准物标定高锰酸钾溶液浓度的原理、方法和滴定条件。

二、实验原理

市售的高锰酸钾常含有少量杂质,如硫酸盐、氯化物及硝酸盐等,因此不能用直接法配制高锰酸钾标准溶液。高锰酸钾氧化性强,还易和水中的有机物、空气中的氨等还原性物质反应。高锰酸钾能自行分解,如下式所示:

$$4KMnO_4 + 2H_2O =\!=\!= 4MnO_2 + 4KOH + 3O_2\uparrow$$

分解的速度随溶液 pH 值不同而改变。在中性溶液中,分解很慢,但 Mn^{2+} 和 MnO_2 的存在能加速其分解,见光则分解得更快。即 $KMnO_4$ 溶液的浓度容易改变,必须正确地配制和保存。配制出的溶液应呈中性,不含 MnO_2,浓度就相对稳定,放置数月后浓度大约只降低 0.5%。但如果长期使用,仍应定期标定。

$KMnO_4$ 标准溶液用还原剂 $Na_2C_2O_4$ 作基准物来标定。$Na_2C_2O_4$ 不含结晶水,容易精制。用 $Na_2C_2O_4$ 标定 $KMnO_4$ 溶液的反应如下:

$$2MnO_4^- + 5H_2C_2O_4 + 6H^+ =\!=\!= 2Mn^{2+} + 10CO_2\uparrow + 8H_2O$$

滴定时用 MnO_4^- 本身的颜色指示滴定终点。

三、主要仪器

分析天平,烧杯(250mL),酸式滴定管(50mL),温度计。

四、实验试剂

（1）$KMnO_4$（固）。

（2）$Na_2C_2O_4$（基准试剂）。

（3）H_2SO_4 溶液（1mol/L）：用量筒量取 5.6mL 浓硫酸，用水稀释至 100mL。

五、实验步骤

1. 0.02mol/L $KMnO_4$ 溶液的配制

称取 3.5g $KMnO_4$，溶于适量水中，加热煮沸 20～30min（随时加水以补充蒸发损失），冷却后在暗处放置 7～10 天，然后用玻璃砂芯漏斗过滤除去 MnO_2 等杂质，滤液储存于洁净的玻璃塞棕色瓶中，放置暗处保存。如果溶液煮沸并在水浴上保温 1h，冷却后过滤，则不必长时间放置就可以标定其浓度。

2. $KMnO_4$ 溶液浓度的标定

准确称取 6.5～7.0g（准确至 0.0002g）的烘干过的 $Na_2C_2O_4$ 基准物于洁净的 250mL 烧杯中，加水约 10mL 溶解，再加 30mL 1mol/L 的 H_2SO_4 溶液并加热至 75～85℃，立即用待标定的 $KMnO_4$ 溶液滴定（不能沿瓶壁滴入）至呈粉红色，30s 不退色为终点。

重复测定 2～3 次，根据滴定所消耗的 $KMnO_4$ 溶液体积和基准物的质量，计算 $KMnO_4$ 溶液的浓度。

六、数据记录与计算

数据记录请参考数据记录表，并将数据填入表 4-9 内。

$KMnO_4$ 标准溶液配制的数据记录与计算表   表 4-9

项目 \ 次数	1	2	3
基准物 $Na_2C_2O_4$ 质量(g)			
消耗 $KMnO_4$ 溶液体积(mL)			
$KMnO_4$ 溶液浓度(mol/L)			
$KMnO_4$ 溶液浓度平均值(mol/L)			
测定的平均偏差			
相对平均偏差			

七、注意事项

（1）$KMnO_4$ 作氧化剂，通常是在强酸性溶液中进行，滴定过程中若发现产生棕色浑浊，是酸度不足引起的，应立即加入 H_2SO_4 溶液提高酸度，但若已达到终点，则再加入 H_2SO_4 溶液已无效，此时应该重做。

（2）加热可使反应加快，但不能至沸腾，否则容易引起部分草酸分解。正确的温度是 75～

85℃,滴定至终点时,溶液的温度不应低于60℃。

(3) $KMnO_4$ 溶液应装在酸式滴定管中(为什么?),由于 $KMnO_4$ 溶液颜色很深,不易观察溶液弯月面的最低点,因此应该从液面最高边处读数。

滴定时,第一滴 $KMnO_4$ 溶液退色很慢,在第一滴 $KMnO_4$ 溶液没有退色之前,不要滴加第二滴,等几滴 $KMnO_4$ 溶液已经起作用之后,滴定的速度就可以稍快些,但也不能滴加过快,近终点时更需缓慢滴加。

(4) $KMnO_4$ 滴定的终点不太稳定,这是由于空气中含有还原性气体等物质,与溶液中的 $KMnO_4$ 缓慢分解而使粉红色消失,所以 30 s 内不退色,即可认为终点已到。

八、思考题

(1) 配制 $KMnO_4$ 标准溶液时,为什么要把 $KMnO_4$ 溶液煮沸一定时间(或放置数天)?配好的 $KMnO_4$ 溶液为什么要过滤后才能保存?

(2) 配好的 $KMnO_4$ 溶液为什么要放在棕色瓶中(若无棕色瓶应该怎么办?)放置暗处保存?

(3) 用 $Na_2C_2O_4$ 标定 $KMnO_4$ 溶液浓度时,为什么必须在大量硫酸存在下进行?酸度过高或过低有无影响?为什么要加热到 75~85℃ 后才能滴定?溶液温度过高或过低有无影响?

(4) 用 $KMnO_4$ 溶液滴定 $Na_2C_2O_4$ 溶液时, $KMnO_4$ 溶液为什么一定要装在酸式滴定管中?

实验十 水体化学耗氧量(COD)的测定

一、实验目的

(1) 了解化学耗氧量的含义。
(2) 掌握用重铬酸钾法测定水体化学耗氧量的原理和方法。

二、实验原理

化学耗氧量是指在一定条件下,用强氧化剂处理废水样时所耗氧化剂的量,以 mgO_2/L 表示。它是量度废水中还原性物质的重要指标。还原性物质主要包括有机物和亚硝酸盐、亚铁盐、硫化物等无机物。化学耗氧量的测定,分为重铬酸钾法和高锰酸钾法。重铬酸钾法记为 COD_{Cr},高锰酸钾法记为 COD_{Mn}(酸性),碱性高锰酸钾法记为 COD_{OH}。目前,我国在废水检测中主要采用 COD_{Cr} 法。

在强酸性溶液中用过量的重铬酸钾,将还原性物质(包括有机的和无机的)氧化,剩余的重铬酸钾以试亚铁灵作指示剂,用硫酸亚铁铵回滴;由消耗的重铬酸钾的量即可计算出水样中还原性物质被氧化所消耗的氧的量。

本法可将大部分有机物氧化,但直链烃、芳香烃等化合物仍不能被氧化;若加硫酸银作催化剂时,直链化合物可被氧化,但对芳香烃类化合物无效。

氯化物在此条件下也能被重铬酸钾氧化生成氯气,消耗一定量重铬酸钾,因而干扰测定,所以水样中氯化物高于30mg/L时,须加硫酸汞消除干扰。

三、主要仪器

250mL磨口三角瓶或圆底烧瓶、回流冷凝管,锥形瓶(500mL),移液管(25mL、50mL),酸式滴定管(50mL),容量瓶(500mL)。

四、实验试剂

(1) $K_2Cr_2O_7$ 标准溶液(0.04mol/L):准确称取在150~180℃烘干2h的重铬酸钾5.8836g,置于250mL烧杯中,加100mL水搅拌至完全溶解,然后定量转移至500mL容量瓶中,用水稀释至刻度,摇匀。

(2) 试亚铁灵指示剂:称取1.485g分析纯邻菲罗啉($C_{12}H_8N_2 \cdot H_2O$)与0.695g分析纯硫酸亚铁($FeSO_4 \cdot 7H_2O$)溶于蒸馏水中,稀释至100mL。摇匀,储存于棕色瓶中。

(3) 硫酸亚铁铵标准溶液(0.25mol/L):称取98g分析纯硫酸亚铁铵$[(NH_4)_2Fe(SO_4)_2 \cdot 6H_2O]$,溶于蒸馏水中,加20mL浓硫酸,冷却后,稀释至1000mL,使用时每日用重铬酸钾标定。

(4) 浓硫酸。

(5) 硫酸银(化学纯)。

(6) 硫酸汞(化学纯)。

五、实验步骤

1. 硫酸亚铁铵溶液的标定

移取25.00mL重铬酸钾标准溶液,稀释至250mL,加20mL浓硫酸,冷却后加2~3滴试亚铁灵指示剂,用硫酸亚铁铵溶液滴定至溶液由黄色经绿蓝色刚好变为红蓝色为终点,平行标定三份,计算硫酸亚铁铵溶液的浓度(c_s)。

2. 水样分析

移取50.00mL水样(或适量水样稀释至50mL)于250mL磨口三角瓶(或圆底烧瓶)中,加入25.00mL重铬酸钾标准溶液,慢慢地加入75mL浓硫酸,边加边摇动。若用硫酸银作催化剂,需加1g硫酸银,再加数粒玻璃珠,加热后回流2h。较洁净的水样加热回流的时间更短。

若水样含较多氯化物,则取50.00mL水样,加硫酸汞1g、浓硫酸5mL,待硫酸汞溶解后,再加重铬酸钾标准溶液25.00mL、浓硫酸70mL、硫酸银1g加热回流。

冷却后,先用约25mL蒸馏水沿冷凝管壁冲洗,然后取下烧瓶将溶液移入500mL锥形瓶中,冲洗烧瓶4~5次,再用蒸馏水稀释溶液至约350mL。溶液体积不得大于350mL,因酸度太低,终点不明显。

冷却后加入2~3滴试亚铁灵指示剂,用硫酸亚铁铵标准溶液滴定到溶液颜色由黄色到绿蓝色再变为红蓝色。记录消耗的硫酸亚铁铵标准溶液的体积(v_1)。

同时做空白实验,即以50.00mL蒸馏水代替水样,其他步骤同样品,同时操作。记录消耗的硫酸亚铁铵标准溶液的体积(v_0)。

六、数据记录与计算

数据记录请参考数据记录表,并将数据填入表4-10和表4-11内。

1. 硫酸亚铁铵溶液的标定

硫酸亚铁铵溶液标定的数据记录与计算表　　　　　表4-10

项目 \ 次数	1	2	3
移取 $K_2Cr_2O_7$ 溶液体积(mL)		25.00	
$K_2Cr_2O_7$ 标准溶液浓度(mol/L)		0.04000	
消耗硫酸亚铁铵溶液体积(mL)			
硫酸亚铁铵溶液浓度(mol/L)			
硫酸亚铁铵溶液浓度平均值(mol/L)			
测定的平均偏差			
相对平均偏差			

2. 水样的测定

水样测定的数据记录与计算表　　　　　表4-11

项目	结果
移取水样体积 v_2 (mL)	
硫酸亚铁铵标准溶液浓度 c_s (mol/L)	
水样消耗硫酸亚铁铵标准溶液体积 v_1 (mL)	
空白实验硫酸亚铁铵溶液体积 v_0 (mL)	
耗氧量 (mgO_2/L)	

3. 耗氧量测定结果计算公式见式(4-9)

$$耗氧量(mgO_2/L) = \frac{\frac{3}{2} \times (v_0 - v_1) \times c_s \times M(O_2) \times 1000}{v_2} \quad (4\text{-}9)$$

式中:c_s——硫酸亚铁铵标准溶液浓度(mol/L);

　　　v_0——空白消耗的硫酸亚铁铵标准溶液体积(mL);

　　　v_1——水样消耗硫酸亚铁铵标准溶液体积(mL);

　　　v_2——移取水样体积(mL);

$M(O_2)$——氧气摩尔体积(g/mol)。

七、思考题

(1) 测定水样的耗氧量时,是否一定要加入硫酸银?加入硫酸银的作用是什么?
(2) 何种情况下加入硫酸汞?

实验十一　碘量法测定铜含量

一、实验目的

(1) 掌握间接碘量法测定铜含量的原理与方法。
(2) 掌握 $Na_2S_2O_3$ 标准溶液的配制与标定方法。

二、实验原理

在弱酸性介质中,Cu^{2+} 与过量 I^- 反应定量析出 I_2。

$$2Cu^{2+} + 4I^- = 2CuI\downarrow(白色) + I_2$$

$$I_2 + I^- = I_3^-$$

以淀粉为指示剂,用 $Na_2S_2O_3$ 标准溶液滴定析出的 I_2,就可测得铜的含量。反应如下:

$$I_2 + 2S_2O_3^{2-} = 2I^- + S_4O_6^{2-}$$

Cu^{2+} 与 I^- 之间的反应为可逆反应。为使反应定量进行,必须加入过量的 KI,而且由于 CuI 沉淀对 I_2 有强烈的吸附作用,会导致结果偏低。故加入硫氰酸盐使 CuI 沉淀($K_{sp}=1.1\times10^{-12}$)转化为溶解度更小的 CuSCN 沉淀($K_{sp}=4.8\times10^{-15}$),从而释放出吸附的 I_2,使滴定结果更准确。但硫氰酸盐不能加入过早,只能在临近终点时加入,否则可能发生以下反应而使测定结果偏低:

$$4I_2 + SCN^- + 4H_2O = SO_4^{2-} + 7I^- + ICN + 8H^+$$

溶液 pH 值一般应控制在 3.0～4.0 之间,酸度过低,Cu^{2+} 会水解,使反应不完全,结果偏低,而且反应速度变慢,终点延长;酸度过高,则促进空气氧化 I^- 为 I_2(Cu^{2+} 可催化此反应),又会导致结果偏高。

大量 Cl^- 能与 Cu^{2+} 形成配合物,而配合物中的 Cu(Ⅱ) 不易被 I^- 定量还原,因此,最好用硫酸而不用盐酸(少量盐酸无影响)。

凡是在测定条件下能氧化 I^- 的物质[如 Fe^{3+}、As(Ⅴ)、Sb(Ⅴ)、NO_3^- 等],都会产生干扰,必须设法消除。常用的方法有控制酸度[如 As(Ⅴ)、Sb(Ⅴ) 的干扰,可将 pH 值控制在 3.5～4.0 之间消除],加入掩蔽剂(如 Fe^{3+} 的干扰,可加入氟化物使之转化为稳定的 FeF_6^{3-} 而掩蔽)或测定前预先将其除去。

本法常用于铜合金、铜盐或铜矿石等试样中铜的测定。

三、主要仪器

分析天平,移液管(25mL),容量瓶(250mL),锥形瓶(500mL),碘量瓶,碱式滴定管(50mL)。

四、实验试剂

(1) KI 固体。

(2) Na_2CO_3 固体。

(3) $Na_2S_2O_3$ 标准溶液(0.1mol/L):称取 25g $Na_2S_2O_3 \cdot 5H_2O$ 于烧杯中,加入 300~500mL 新煮沸并冷却的蒸馏水,溶解后,加入约 0.1g Na_2CO_3,用新煮沸且冷却的蒸馏水稀释至 1L,储存于棕色瓶中,在避光处放置 3~5 天后标定。

(4) 淀粉溶液(0.2%):称取 0.2g 淀粉于烧杯中,先加入少量水润湿,然后加沸水约 100mL,加热溶解呈透明溶液,冷却后取上层液使用。

(5) NH_4SCN 溶液(10%):称取 10g NH_4SCN 于烧杯中,用少量水溶解,再用蒸馏水稀释至 100mL。

(6) H_2O_2(30%)。

(7) 纯铜(Cu 含量>99.9%)。

(8) $K_2Cr_2O_7$ 标准溶液(0.02000 mol/L):将基准 $K_2Cr_2O_7$ 在 150~180℃ 干燥 2h,放入干燥器冷却至室温。然后,准确称取 1.4709g 于小烧杯中,加水溶解,定量转移至 250mL 容量瓶中,用水稀释至刻度,摇匀。

(9) KIO_3 基准物质。

(10) H_2SO_4 溶液(1mol/L):用量筒量取 5.6mL 浓硫酸于烧杯中,用蒸馏水稀释至 100mL。

(11) HCl 溶液(1+1):用量筒量取 100mL 浓盐酸与等体积水混合。

(12) NH_4HF_2 溶液(20%):称取 20g NH_4HF_2 于烧杯中,用少量水溶解,再用蒸馏水稀释至 100mL。

(13) HAc 溶液(1+1):用量筒量取 100mL 冰醋酸与等体积水混合。

(14) 氨水(1+1):用量筒量取 100mL 浓氨水与等体积水混合。

(15) 铜合金试样。

(16) 胆矾试样。

五、实验步骤

1. $Na_2S_2O_3$ 溶液的标定

(1) 用 $K_2Cr_2O_7$ 标准溶液标定

准确移取 25.00mL $K_2Cr_2O_7$ 标准溶液 3 份,分别置于碘量瓶中。加 5mL HCl 溶液(1+1)❶,加 KI 固体 3.0g,溶解后,于避光处放置 5min 使反应完全。加入 100mL 蒸馏水稀

---

❶ 测定胆矾时改加 20mL 1mol/L H_2SO_4 溶液。

释,用待标定的 $Na_2S_2O_3$ 溶液滴定至淡黄色,然后加入 5mL 0.2% 淀粉溶液,继续滴定至溶液由蓝色转变为亮绿色即为终点,记下消耗的 $Na_2S_2O_3$ 溶液的体积,计算 $Na_2S_2O_3$ 溶液的浓度。

(2) 用纯铜标定

准确称取 0.2g 左右纯铜,置于 250mL 烧杯中,加入约 10mL 盐酸(1+1)、2~3mL 30% H_2O_2 溶液,加 H_2O_2 时边滴加边振荡,H_2O_2 的量能使金属铜分解完全即可。加热,使铜分解完全并将多余的 H_2O_2 分解赶尽❶,然后定量转入 250mL 容量瓶中,加水稀释至刻度,摇匀。

准确移取 25.00mL 上述铜标准溶液于 250mL 烧杯中,滴加氨水(1+1)至溶液刚刚有沉淀生成,然后加入 8mL HAc(1+1)溶液、10mL NH_4HF_2 溶液(20%),继续滴定至溶液呈浅蓝色,然后加入 10mL NH_4SCN 溶液(10%)❷,继续滴定至溶液的蓝色消失即为终点,记下所消耗的 $Na_2S_2O_3$ 溶液的体积,计算 $Na_2S_2O_3$ 溶液的浓度。平行测定三份。

(3) 用 KIO_3 基准物质标定

准确称取 1.0700g KIO_3 于烧杯中,加水溶解后,定量转入 250mL 容量瓶中,加水稀释至刻度,充分摇匀。移取 KIO_3 标准溶液 25.00mL 三份,分别置于 500mL 锥形瓶中,然后加入 3g 固体 KI 并摇动使之溶解,加入 5mL H_2SO_4 溶液(1mol/L),加水稀释至 200mL,立即用待标定的 $Na_2S_2O_3$ 溶液滴定,当溶液滴定到由棕色转变为浅黄色时,加入 5mL 淀粉,继续滴定至溶液由蓝色转变为无色即为终点。根据滴定结果,计算 $Na_2S_2O_3$ 溶液的浓度。

2. 铜合金中铜含量的测定

准确称取黄铜试样(含 80%~90% 的铜)0.1~0.15g 置于 250mL 锥形瓶中,加入 10mL HCl 溶液(1+1),滴加约 2mL 30% H_2O_2,加热使试样完全溶解后,再加热将 H_2O_2 分解赶尽,煮沸 1~2min,但不能使溶液蒸干。冷却后加约 60mL 水,滴加氨水(1+1)直到溶液中刚刚有稳定的沉淀生成,然后加入 8mL HAc(1+1)、10mL NH_4HF_2 溶液(20%)、2.2g 固体 KI 并摇动使之溶解,然后用 $Na_2S_2O_3$ 标准溶液滴定至浅黄色,加入 5mL 0.2% 淀粉指示剂,继续滴定至溶液呈浅灰色(或浅蓝色),加入 10mL NH_4SCN 溶液(10%),继续滴定至溶液的蓝色消失;此时因有白色沉淀物存在,终点颜色呈现灰白色(或浅肉色)。根据滴定时消耗的 $Na_2S_2O_3$ 标准溶液的体积和试样的质量,计算试样中铜的含量。

3. 胆矾中铜含量的测定

准确称取 $CuSO_4 \cdot 5H_2O$ 样品 6g 左右,置于 100mL 烧杯中,加入 10mL 1mol/L H_2SO_4,加入少量水使试样溶解,定量转入 250mL 容量瓶中,用水稀释至刻度,摇匀。

移取上述试样溶液 25.00mL 置于 250mL 锥形瓶中,加水 50mL、1.0g 固体 KI,摇动以使 KI 溶解,用 $Na_2S_2O_3$ 标准溶液滴定至浅黄色,然后加入淀粉溶液 5mL,继续滴定至溶液呈浅蓝色,加入 10mL NH_4SCN 溶液(10%),继续滴定至溶液的蓝色消失,终点颜色呈现灰白色(或浅肉色)。根据滴定时消耗的 $Na_2S_2O_3$ 标准溶液的体积和试样的质量,计算试样中铜的含量。

---

❶ 用纯铜标定 $Na_2S_2O_3$ 溶液时,所加入 H_2O_2 一定要赶尽(根据实验经验,开始时小气泡,然后冒大气泡,表示 H_2O_2 已赶尽),否则结果无法测准。

❷ 加入 NH_4SCN 溶液不能过早,而且加入后要剧烈摇动,这样有利于沉淀的转化和释放出吸附的 I_2。

六、数据记录与计算

数据记录请参考数据记录表,并将数据填入表 4-12 和表 4-13 内。

1. 铜合金中铜含量的测定

铜合金中铜含量测定的数据记录与计算表　　　　表 4-12

项　　目	结果
铜合金试样质量(g)	
$Na_2S_2O_3$ 标准溶液浓度 c(mol/L)	
消耗 $Na_2S_2O_3$ 标准溶液体积 v(mL)	
试样中铜含量(%)	

2. 胆矾中铜含量的测定

胆矾中铜含量测定的数据记录与计算表　　　　表 4-13

项　　目	结果
胆矾试样质量(g)	
吸取试样溶液体积(mL)	25.00
吸取试样溶液相当于试样质量(g)	
$Na_2S_2O_3$ 标准溶液浓度 c(mol/L)	
消耗 $Na_2S_2O_3$ 标准溶液体积 v(mL)	
试样中铜含量(%)	

七、思考题

(1) 碘量法测定铜含量时,为什么要在弱酸介质中进行?

(2) 测定铜合金含量时,如用 HCl + H_2O_2 分解试样,最后 H_2O_2 未赶尽,对测定结果有何影响?

(3) 碘量法测铜时,常加入 NH_4HF_2,有何作用? 淀粉指示剂为什么必须接近终点时加入?

实验十二　莫尔法测定氯化物中氯的含量

一、实验目的

(1) 学习莫尔法测定氯化物中氯含量的原理和方法。
(2) 学习硝酸银标准溶液的配制与标定方法。

二、实验原理

可溶性氯化物中氯含量的测定,可在中性或弱碱性溶液中,以 K_2CrO_4 为指示剂,用

AgNO₃ 标准溶液进行滴定,此法称为莫尔法。由于 AgCl 沉淀比 Ag₂CrO₄ 更难溶,因此,在滴定时,溶液中首先析出 AgCl 沉淀,当 AgCl 定量沉淀后,过量一滴 AgNO₃ 溶液即与 CrO_4^{2-} 生成砖红色 Ag₂CrO₄ 沉淀,指示达到终点。反应方程式如下:

$$Ag^+ + Cl^- =\!=\!= AgCl(白色)\downarrow \quad (K_{sp}=1.8\times10^{-10})$$

$$2Ag^+ + CrO_4^{2-} =\!=\!= Ag_2CrO_4(砖红色)\downarrow \quad (K_{sp}=2.0\times10^{-12})$$

适宜滴定的 pH 范围为 6.5~10.5。铵盐存在时,溶液中的 pH 值需控制在 6.5~7.2。指示剂的用量一般以 5×10^{-3} mol/L 为宜❶。凡是能与 Ag^+ 反应生成难溶性化合物或配合物的阴离子都干扰测定,如 PO_4^{3-}、AsO_4^{3-}、SO_3^{2-}、S^{2-}、CO_3^{2-}、$C_2O_4^{2-}$ 等。其中 H₂S 可通过加热煮沸除去,将 SO_3^{2-} 氧化为 SO_4^{2-} 后不再干扰测定。大量 Cu^{2+}、Ni^{2+}、Co^{2+} 等有色离子将影响终点观察。凡是能与 CrO_4^{2-} 指示剂生成难溶化合物的阳离子也干扰测定,如 Ba^{2+}、Pb^{2+} 能与 CrO_4^{2-} 分别生成 BaCrO₄ 和 PbCrO₄ 沉淀,可加入过量 Na₂SO₄ 消除 Ba^{2+} 的干扰。Al^{3+}、Fe^{3+}、Bi^{3+}、Sn^{4+} 等高价金属离子在中性或弱碱性溶液中易水解产生沉淀,会干扰测定。

莫尔法的应用比较广泛,生活饮用水、工业用水、环境水质监测以及一些化工产品、药品、食品中氯的测定都使用莫尔法。

三、主要仪器

分析天平,容量瓶(100mL、250mL),移液管(25mL),锥形瓶(250mL),吸量管(1mL),酸式滴定管(50mL)。

四、实验试剂

(1)氯化钠(基准试剂):在 500~600℃ 高温炉中灼烧 0.5h 后,放置于干燥器中冷却。也可将 NaCl 置于带盖的瓷坩埚中,加热,并不断搅拌,待爆鸣声停止后,继续加热 15min,将坩埚放入干燥器中冷却后使用。

(2)AgNO₃ 溶液(0.1mol/L):称取 8.5g AgNO₃ 溶解于 500mL 不含 Cl⁻ 的蒸馏水中,将溶液转入棕色瓶中,置避光处保存,以防光照分解。

(3)K₂CrO₄ 水溶液(5%):称取 5g K₂CrO₄ 溶于适量水,再用水稀释至 100mL 水中。

五、实验步骤

1. AgNO₃ 溶液的标定

准确称取 0.5~0.6g 基准 NaCl 于小烧杯中,用蒸馏水溶解,充分转移至 100mL 容量瓶

---

❶ 指示剂用量的大小对测定结果有影响,必须定量加入。溶液较稀时,须做指示剂空白校正,方法如下:取 1mL K₂CrO₄ 指示剂溶液,加入适量水,然后加入无 Cl⁻ 的 CaCO₃ 固体(相当于滴定时 AgCl 的沉淀量),制成相似于实际滴定的浑浊溶液。逐滴加入 AgNO₃ 溶液,直至与终点颜色相同为止,记录读数,从滴定试液所消耗的 AgNO₃ 溶液体积中扣除此读数。

中,稀释至刻度,摇匀。

用移液管移取 25.00mL 上述溶液于锥形瓶中,加入 25mL 水❶,用吸量管加入 1.00mL 5% K_2CrO_4 溶液,在不断摇动下,用 $AgNO_3$ 溶液滴至出现淡橙色,即为终点。平行滴定三份❷,根据所消耗的 $AgNO_3$ 溶液的体积和 NaCl 的质量,计算 $AgNO_3$ 溶液的浓度。

2. 试样分析

准确称取 2g 左右的 NaCl 试样置于烧杯中,加水溶解后,充分转移至 250mL 锥形瓶中,用水稀释至刻度,摇匀。

用移液管移取 25.00mL 上述溶液于 250mL 锥形瓶中,加水 25mL,用吸量管加入 1.00mL 5% K_2CrO_4 溶液,在不断摇动下,用 $AgNO_3$ 标准溶液滴定至溶液出现淡橙色,即为终点。平行测定三份,计算出试样中氯的含量。

实验完毕后,将盛装 $AgNO_3$ 溶液的滴定管先用蒸馏水冲洗 2~3 次后,再用自来水冲洗,以免 AgCl 残留于滴定管内。

六、数据记录与计算

数据记录请参考数据记录表,并将数据填入表 4-14 和表 4-15 内。

1. $AgNO_3$ 溶液的标定

$AgNO_3$ 溶液标定的数据记录与计算表　　　　表 4-14

项目＼次数	1	2	3
氯化钠质量(g)			
移取氯化钠溶液体积(mL)		25.00	
移取液中氯化钠质量(g)			
滴定消耗 $AgNO_3$ 溶液体积(mL)			
$AgNO_3$ 溶液浓度(mol/L)			
$AgNO_3$ 溶液浓度平均值(mol/L)			

2. 试样的分析

试样分析的数据记录与计算表　　　　表 4-15

项目＼次数	1	2	3
试样质量(g)			
吸取试液体积(mL)		25.00	
吸取液所含试样质量(g)			

---

❶ 沉淀滴定中,为减少沉淀对待测离子的吸附,一般测定的体积以大些为好,故须加水稀释试液。

❷ Ag 为贵金属,含氯化银的废液应回收处理。

续上表

次数\项目	1	2	3
消耗 $AgNO_3$ 溶液体积(mL)			
试样中氯含量(%)			
试样中氯含量平均值(%)			

七、思考题

(1) 莫尔法测氯时,为什么溶液的 pH 值必须控制在 6.5~10.5?

(2) K_2CrO_4 作指示剂时,指示剂浓度过大或过小对测定有何影响?

实验十三 粉煤灰烧失量的测定

粉煤灰烧失量测定方法(T 0817—2009)[1]

一、使用范围

本方法适用于粉煤灰烧失量的测定。本方法将试样在950~1000℃的马福炉中灼烧,驱除水分和二氧化碳,同时将存在的易氧化元素氧化。由硫化物的氧化引起的烧失量误差必须进行校正,其他元素存在引起的误差一般可忽略不计。

二、仪器设备

(1) 马福炉:隔焰加热炉,在炉膛外围进行电阻加热。应使用温度控制器,准确控制炉温,并定期进行校验。

(2) 瓷坩埚:带盖,容量15~30mL。

(3) 分析天平:量程不小于50g,感量0.0001g。

三、实验步骤

(1) 将粉煤灰样品用四分法缩减至10余克左右,如有大颗粒存在,须在研钵中磨细至无不均匀颗粒存在为止,置于小烧杯中在105~110℃烘干至恒重,储存于干燥器中,供实验用。

(2) 将瓷坩埚灼烧至恒重,储存于干燥器中,供实验用。

(3) 称取约1g试样(m_0),精确至0.0001g,置于已灼烧至恒重的瓷坩埚中,放在马福炉内从低温开始逐渐升高温度,在950~1000℃下灼烧15~20min,取出坩埚置于干燥器中冷却至室温,称量。反复灼烧,直至连续两次称量之差小于0.0005g时,即达到恒重。记录每次称量的质量。

---

[1] 摘自《公路工程无机结合料稳定材料试验规程》(JTG E51—2009)。本书后续同类内容均摘自该规程。

四、计算

烧失量按式(4-10)计算。

$$x = \frac{m_0 - m_n}{m_0} \times 100 \qquad (4-10)$$

式中：x——烧失量(%)；
m_0——试样的质量(g)；
m_n——灼烧 n 次,恒重后试样的质量(g)。

五、结果整理

(1)实验结果精确至0.01%。
(2)平行实验两次,允许重复性误差为±0.15%。

六、报告

实验报告应包括以下内容：
(1)粉煤灰来源。
(2)实验方法名称。
(3)粉煤灰的烧失量。

七、记录

本实验的记录格式见表4-16。

粉煤灰烧失量实验记录表　　　　　　表4-16

工程名称：　　　　　　　　　　实验方法：
路段范围：　　　　　　　　　　实验者：
粉煤灰来源：　　　　　　　　　校核者：
试样编号：　　　　　　　　　　实验日期：

项目	样品质量 m_0(g)	第一次灼烧后质量 m_1(g)	第二次灼烧后质量 m_2(g)	第 n 次灼烧后质量 m_n(g)	烧失量 x(%)
第一次					
第二次					
平均值					

说明：
本方法参照现行《水泥化学分析方法》(GB/T 176)中烧失量测定的基准法编制。
如果粉煤灰中含有硫化物,硫化物引起的误差必须通过公式进行校正。
　　0.8×(粉煤灰灼烧测得的 SO_3 含量) − 粉煤灰未经灼烧时的 SO_3 含量)
　　= 0.8×(由于硫化物的氧化产生的 SO_3 含量) − 吸收空气中氧的含量
校正后的烧失量(%) = 测得的烧失量(%) + 吸收空气中氧的含量

其中，SO_3的测定参照现行《水泥化学分析方法》(GB/T 176)的硫酸盐-三氧化硫的测定(基准法进行)。

实验十四 含水量实验

Ⅰ. 烘干法(T 0801—2009)

一、适用范围

本方法适用于测定水泥、石灰、粉煤灰及无机结合料稳定材料的含水量。

二、仪器设备

1. 水泥、粉煤灰、生石灰粉、消石灰和消石灰粉、稳定细粒土
(1)烘箱：量程不小于110℃，温控精度为±2℃。
(2)铝盒：直径约50mm，高25～30mm。
(3)电子天平：量程不小于150g，感量0.01g。
(4)干燥器：直径200～250mm，并用硅胶做干燥剂❶。
2. 稳定中粒土
(1)烘箱：量程不小于110℃，温控精度为±2℃。
(2)铝盒：能放样品500g以上。
(3)电子天平：量程不小于1000g，感量0.1g。
(4)干燥器：直径200～250mm，并用硅胶做干燥剂。
3. 稳定粗粒土
(1)烘箱：量程不小于110℃，控温精度为±2℃。
(2)大铝盒：能放样品2000g以上。
(3)电子天平：量程不小于3000g，感量0.1g。
(4)干燥器：直径200～250mm，并用硅胶做干燥剂。

三、实验步骤

1. 水泥、粉煤灰、生石灰粉、消石灰和消石灰粉、稳定细粒土
(1)取洁净干燥的铝盒，称其质量m_1，并精确至0.01g；取约50g试样(对生石灰粉、消石灰和消石灰粉取100g)，经手工木锤粉碎后松放在铝盒中，应尽快盖上盒盖，尽量避免水分散失，称其质量m_2，并精确至0.01g。
(2)对于水泥稳定材料，将烘箱温度调到110℃；对于其他材料❷，将烘箱调到105℃。待

---

❶ 用指示硅胶做干燥剂，而不用氯化钙。因为许多黏土烘干后能从氯化钙中吸收水分。
❷ 某些含有石膏的土在烘干时会损失其结晶水，用此方法测定对其含水量有影响。每1%石膏对含水量的影响约为0.2%。如果土中有石膏，则试样应该在不超过80℃的温度下烘干，并可能要烘更长的时间。

烘箱达到设定的温度后,取下盒盖,并将盛有试样的铝盒放在盒盖上,然后一起放入烘箱中进行烘干,需要的烘干时间随试样种类和试样数量而改变。当冷却试样连续两次称量的差(每次间隔4h)不超过原试样质量的0.1%❶时,即认为样品已烘干。

(3)烘干后,从烘箱中取出盛有试样的铝盒,并将盒盖盖紧。

(4)将盛有烘干试样的铝盒放入干燥器内冷却❷。然后称铝盒和烘干试样的质量m_3,并精确至0.01g。

2. 稳定中粒土

(1)取清洁干燥的铝盒,称其质量m_1,并精确至0.1g。取500g试样(至少300g)经粉碎后松放在铝盒中,盖上盒盖,称其质量m_2,并精确至0.1g。

(2)对于水泥稳定材料,将烘箱温度调到110℃;对于其他材料,将烘箱调到105℃。待烘箱达到设定的温度后,取下盒盖,并将盛有试样的铝盒放在盒盖上,然后一起放入烘箱中进行烘干,需要的烘干时间随土类和试样数量而改变。当冷却试样连续两次称量的差(每次间隔4h)不超过原试样质量的0.1%时,即认为样品已烘干。

(3)烘干后,从烘箱中取出盛有试样的铝盒,并将盒盖盖紧,放置冷却。

(4)称铝盒和烘干试样的质量m_3,并精确至0.1g。

3. 稳定粗粒土

(1)取清洁干燥的铝盒,称其质量m_1,并精确至0.1g。取2000g试样经粉碎后松放在铝盒中,盖上盒盖,称其质量m_2,并精确至0.1g。

(2)对于水泥稳定材料,将烘箱温度调到110℃;对于其他材料,将烘箱调到105℃。待烘箱达到设定的温度后,取下盒盖,并将盛有试样的铝盒放在盒盖上,然后一起放入烘箱中进行烘干,需要的烘干时间随土类和试样数量而改变。当冷却试样连续两次称量的差(每次间隔4h)不超过原试样质量的0.1%时,即认为样品已烘干。

(3)烘干后,从烘箱中取出盛有试样的铝盒,并将盒盖盖紧,放置冷却。

(4)称铝盒和烘干试样的质量m_3,并精确至0.1g。

四、计算

用公式(4-11)计算无机结合料稳定材料的含水量。

$$w = \frac{m_2 - m_3}{m_3 - m_1} \times 100 \tag{4-11}$$

式中:w——无机结合料稳定材料的含水量(%);

m_1——铝盒的质量(g);

m_2——铝盒和湿稳定材料的合计质量(g);

m_3——铝盒和干稳定材料的合计质量(g)。

---

❶ 对于大多数土,通常烘干16~24h就足够了。但是,某些土或试样数量过多或试样很潮湿,可能需要烘更长的时间。烘干的时间也与烘箱内试样的总质量、烘箱的尺寸及其通风系统的效率有关。

❷ 如铝盒的盖密闭,而且试样在称量前放置时间较短,则可以不放在干燥器中冷却。

五、结果整理

本实验应进行两次平行测定,取算术平均值,保留至小数点后两位。允许重复性误差应符合表4-17的要求。

含水量测定的允许重复性误差值　　　　　　　　　　　　表4-17

含水量(%)	允许误差(%)	含水量(%)	允许误差(%)
≤7	≤0.5	>40	≤2
>7,≤40	≤1		

六、记录

本实验的记录格式见表4-18。

无机结合料稳定材料含水量测定记录表(烘干法)　　　　表4-18

盒　号		
盒的质量 m_1(g)		
盒+湿试样的质量 m_2(g)		
盒+干试样的质量 m_3(g)		
水的质量 m_2-m_3(g)		
干试样的质量 m_3-m_1(g)		
含水量(%)		
平均含水量(%)		

说明:

本方法源自原规程 T 0801—1994。

水泥与水拌和发生水化作用,在较高温度下水化反应发生得较快。如先将混合料放入烘箱中,再启动烘箱升温,则在升温过程中水泥和水的水化作用发生得较快。而烘干法又不能除去已与水泥发生水化作用的水,这样得出的含水量往往偏小。所以应提前将烘箱温度升温至110℃,使含水泥的混合料一开始就能在110℃的环境下进行烘干。

由于稳定中粒土和稳定粗粒土中大部分是砂粒以上的颗粒,为提高测得含水量的准确度,所取样品数量较大,分别为500g和2000g。在没有大铝盒时,也可以将这些样品分成两盒进行烘干。实验结果应满足平行实验的误差要求,然后取其平均值。

由于当前在实验室中使用广泛的称量设备的精度较高,为提高实验过程中的测试精度,此次修订将原规程中针对电子天平的措施予以删除,对称量要求在4000g以内的,统一采用感量为0.01g的电子天平;对称量要求在4000g以上的,统一采用感量为0.1g的电子天平。考虑到当前大量实验室还沿用原规程的仪器,因此对用于中粒土和粗粒土测试的天平感量放宽到0.1g,但鼓励相关单位采用相对高精度的天平测量,以减少实验误差。

对于有机土,尽量采用烘干法,并酌情降低烘箱温度。

Ⅱ. 砂浴法(T 0802—1994)

一、适用范围

本方法适用于在工地快速测定无机结合料稳定材料的含水量。当土中含有大量石膏、碳酸钙或有机质时,不应使用本方法。

二、仪器设备

1. 稳定细粒土

(1)铝盒:直径约50mm,高25~30mm。

(2)电子天平:量程不小于150g,感量0.01g。

(3)砂浴:直径约200mm、深度不小于25mm的砂浴1个,其中放有清洁的砂。也可以使用更大的砂浴,一次烘干多个试样。

(4)加热砂浴的设备:1套。

(5)调土刀:刀片长100mm,宽20mm。

2. 稳定中粒土

(1)天平:量程不小于1000g,感量0.1g。

(2)方盘:边长约200mm、深约50mm的白铁皮方盘。

(3)砂浴:能放入方盘的砂浴1个,砂深度不小于25mm。

(4)加热砂浴的设备:1套。

(5)调土刀:刀片长100mm,宽20mm。

(6)长方盘:长约200mm,宽约100mm。

3. 稳定粗粒土

(1)天平:量程不小于3000g,感量0.1g。

(2)方盘:边长约250mm,深50~70mm。

(3)砂浴:能放入方盘的砂浴1个,砂深度不小于25mm。

(4)加热砂浴的设备:1套。

(5)调土刀:刀片长100mm,宽20mm。

(6)长方盘:长约200mm,宽约100mm。

三、实验步骤

1. 稳定细粒土

(1)取洁净干燥的铝盒,称其质量m_1,并精确至0.01g;至少取30g试样,经粉碎后散放在铝盒中,盖上盒盖,称其质量m_2,并精确至0.01g。

(2)取下盒盖,将盛有试样的铝盒放在正加热的砂浴内,但需注意勿使砂浴温度太高❶。

---

❶ 避免稳定材料过分加热。将一小张白纸片放在土中拌和,如纸变成焦黄色,就表示加热过分。

在加热过程中,应经常用调土刀搅拌试样,以促使水分蒸发。

(3) 当加热一段时间(通常 1h 足够❶)使试样干燥后,从砂浴中取出铝盒,盖上盒盖,并放置冷却。

(4) 称铝盒和烘干试样质量 m_3,并精确至 0.01g。

2. 稳定中粒土和粗粒土

(1) 取清洁干燥的方盘,称其质量 m_1,并精确至 0.1g。稳定中粒土的试样不小于 300g,稳定粗粒土的试样不小于 2000g。将试样弄碎并均匀地撒布在方盘内,盖上盒盖,称其质量 m_2,并精确至 0.1g。

(2) 将方盘放在正在加热的砂浴内,应注意砂浴温度不要过高。在加热过程中,应经常用调土刀搅拌试样,以促使水分蒸发。

(3) 当加热一段时间(通常 1h 足够)后,从砂浴中取出方盘,并让其冷却。

(4) 当方盘冷却后,立即称方盘和烘干试样的合质量 m_3,并精确至 0.1g。

四、计算

用式(4-12)计算无机结合料稳定材料的含水量。

$$w = \frac{m_2 - m_1}{m_3 - m_1} \times 100 \tag{4-12}$$

式中:w——无机结合料稳定材料的含水量(%);
m_1——铝盒或方盘的质量(g);
m_2——铝盒或方盘与湿稳定材料的合质量(g);
m_3——铝盒或方盘与干稳定材料的合质量(g)。

五、结果整理

本实验应进行两次平行测定,取算术平均值,保留至小数点后两位。允许重复性误差应符合表 4-19 的要求。

含水量测定的允许重复性误差值 表 4-19

含水量(%)	允许误差(%)	含水量(%)	允许误差(%)
≤7	≤0.5	>40	≤2
>7,≤40	≤1		

六、记录

本实验的记录格式见表 4-20。

---

❶ 烘干时间随土类、试样的数量及野外条件而变。当对某种土要做大量含水量测定时,应使用不同的干燥时间,以确定烘干所需要的最短时间。如将试样再烘 1min 后,其质量损失不超过 0.1g(对于细粒土)、0.5g(对于粗粒土)时,即认为土已被烘干。

无机结合料稳定材料含水量测定记录表（砂浴法） 表4-20

盒 号		
盒的质量 m_1(g)		
盒+湿试样的质量 m_2(g)		
盒+干试样的质量 m_3(g)		
水的质量 m_2-m_3(g)		
干试样的质量 m_3-m_1(g)		
含水量(%)		
平均含水量(%)		

说明：

砂浴法测定含水量的精度较差，为现场施工过程中快速测定提供参考数据，正式数据应以烘干法为准。

Ⅲ. 酒精燃烧法（T 0803—1994）

一、目的和适用范围

本方法适用于在工地快速测定无机结合料稳定材料的含水量。当土中含有大量黏土、石膏、石灰质或有机质时，不应使用本方法。

二、仪器设备

(1) 蒸发皿：硅石蒸发皿。对于细粒土，采用直径100mm；对于中粒土，采用直径150mm；对于粗粒土，可用方盘。

(2) 刮土刀：长100mm，宽20mm。

(3) 搅拌棒：长200～250mm，直径约3mm。

(4) 天平：量程不小于150g，感量0.01g。

(5) 天平：量程不小于1000g，感量0.1g。

(6) 天平：量程不小于3000g，感量0.1g。

(7) 酒精：乙醇体积分数大于或等于95%。

三、实验步骤

(1) 将蒸发皿洗净、烘干，称其质量 m_1，并精确至0.01g。

(2) 对于细粒土，取试样30g左右放在蒸发皿内；对于中粒土，取试样300g左右放在蒸发皿内；对于粗粒土，取2000g放在蒸发皿或方盘内。称蒸发皿和试样的合质量 m_2，对细粒土精确至0.01g，对中粒土、粗粒土精确至0.1g。

(3)对于细粒土,取约25 mL酒精;对于中粒土,取约1500 mL酒精。将酒精倒在试样上,使其浸没试样。用刮土刀搅拌酒精和土样,并将大土块破碎。

(4)将蒸发皿放在不怕热的表面上,点火燃烧。

(5)在酒精燃烧过程中,用搅拌棒经常搅拌试样,但应注意勿使试样损失。对细粒土,至少燃烧3遍;对中、粗粒土,一般需烧2~3遍。

(6)酒精燃烧完后,使蒸发皿冷却。当蒸发皿冷却至室温时,称蒸发皿和试样的合质量m_3,细粒土精确至0.01 g,对中粒土、粗粒土精确至0.1 g。

四、计算

用式(4-13)计算无机结合料稳定材料的含水量。

$$w = \frac{m_2 - m_3}{m_3 - m_1} \times 100 \tag{4-13}$$

式中:w——无机结合料稳定材料的含水量(%);

m_1——蒸发皿的质量(g);

m_2——蒸发皿和湿稳定材料的合质量(g);

m_3——蒸发皿和干稳定材料的合质量(g)。

五、结果整理

本实验应进行两次平行测定,取算术平均值,保留至小数点后两位。允许重复性误差应符合表4-21的要求。

含水量测定的允许重复性误差值　　　　表4-21

含水量(%)	允许误差(%)	含水量(%)	允许误差(%)
≤7	≤0.5	>40	≤2
>7,≤40	≤1		

六、记录

本实验的记录格式见表4-22。

无机结合料稳定材料含水量测定记录表(酒精法)　　　　表4-22

盒　号		
盒的质量 m_1(g)		
盒+湿试样的合质量 m_2(g)		
盒+干试样的合质量 m_3(g)		
水的质量 $m_2 - m_3$(g)		
干试样的质量 $m_3 - m_1$(g)		
含水量(%)		
平均含水量(%)		

说明：

酒精法测定含水量的精度较差。禁止使用固体酒精。酒精法适用于施工现场即时测定混合料的含水量，为施工质量控制提供参考数据。由于现在工地都有实验室，因此应尽量采用烘干法。当酒精法和烘干法有严重数字不符时，应重做实验，查明原因；若仍不符合，则以烘干法实验数据为准。

第五章　综合型实验

实验一　粗食盐的提纯

一、实验目的
(1) 掌握提纯粗食盐的原理和方法。
(2) 学习溶解、沉淀、过滤、抽滤、蒸发浓缩、结晶和烘干等操作。
(3) 了解 Ca^{2+}、Mg^{2+}、Fe^{3+}、SO_4^{2-} 等离子的定性鉴定。

二、实验原理
粗盐中含 Ca^{2+}、Mg^{2+}、Fe^{3+}、K^+、SO_4^{2-} 等杂质离子和泥沙等不溶性杂质，可依次用 $BaCl_2$ 除去 SO_4^{2-}，用 Na_2CO_3 除去 Ca^{2+}，Mg^{2+}、Fe^{3+}，K^+ 在结晶后抽滤时除去。各反应方程式如下：

$$Ba^{2+} + SO_4^{2-} = BaSO_4 \downarrow$$

$$Ca^{2+} + CO_3^{2-} = CaCO_3 \downarrow$$

$$Ba^{2+} + CO_3^{2-} = BaCO_3 \downarrow （多余的 Ba^{2+}）$$

$$2Mg^{2+} + 2OH^- + CO_3^{2-} = Mg_2(OH)_2CO_3 \downarrow$$

$$2Fe^{3+} + 3CO_3^{2-} + 3H_2O = 2Fe(OH)_3 \downarrow + 3CO_2 \uparrow$$

$$Fe^{3+} + 3OH^- = Fe(OH)_3 \downarrow$$

三、实验器材和试剂

1. 实验器材
电子天平，酒精灯，离心机，蒸发皿，常压过滤装置，减压过滤(抽滤)装置，布氏漏斗，烘箱等。

2. 试剂
(1) 粗盐。
(2) HCl(6mol/L)溶液：500mL 浓盐酸用蒸馏水稀释至 1L。
(3) $BaCl_2$(1mol/L)溶液：将 226g $BaCl_2 \cdot 2H_2O$ 溶于适量蒸馏水，稀释至 1L。
(4) 饱和 Na_2CO_3 溶液：将 Na_2CO_3 溶于适量水，至饱和。
(5) H_2SO_4(3mol/L)溶液：将 167mL 浓硫酸缓慢倒入盛有 500mL 蒸馏水的烧杯中，搅拌均匀，再用蒸馏水稀释至 1L。

(6) HAc(2mol/L)溶液:将 114mL 冰乙酸用蒸馏水稀释至 1L。

(7) 饱和$(NH_4)_2C_2O_4$溶液:将$(NH_4)_2C_2O_4$溶于适量水,至饱和。

(8) NaOH(6mol/L)溶液:称取 240g NaOH 溶于适量蒸馏水,充分搅拌溶解,再用蒸馏水稀释至 1L。

(9) 镁试剂:将 0.01g 镁试剂溶于 1L 1mol/L 的 NaOH 溶液中。

(10) pH 试纸:pH 值 1~14。

四、实验步骤

1. 称 15g 粗盐,加 50mL 水溶解(加热搅拌)

称 7.5g 粗盐,其他试剂用量减半,可先取水,加热,再称量,先过滤除掉泥沙等不溶性杂质,弃去滤纸及不溶物。

2. 除 SO_4^{2-}

将滤液加热至沸腾,边搅拌边滴加 1mol/L $BaCl_2$ 溶液(3~4mL),继续加热 5min。

3. 检验 SO_4^{2-} 是否除尽

停止加热,让溶液静置,沉淀至上部澄清,取上清液 0.5mL,加几滴 6mol/L HCl 溶液,加几滴 $BaCl_2$ 溶液,若无沉淀产生,则 SO_4^{2-} 已除尽;若有沉淀,需再加 $BaCl_2$ 溶液至 SO_4^{2-} 沉淀完全。

4. 除去 Ca^{2+}、Mg^{2+} 和过量 Ba^{2+}

将上述混合液加热至沸腾,边搅拌边滴加饱和 Na_2CO_3 溶液(共 6~8mL),直至沉淀完全。

5. 检验 Ba^{2+} 是否除去

将上述混合液放置沉降,取 0.5mL 上清液,滴加 3mol/L H_2SO_4 溶液,若无沉淀,则 Ba^{2+} 已除尽;否则,再补加 Na_2CO_3 溶液至沉淀完全。在混合液中边搅拌边滴加 6mol/L NaOH 溶液(3~4mL),直至沉淀完全。

验证沉淀完全后,常压过滤,弃去沉淀,保留滤液。

6. 用 HCl 调酸度,除去 CO_3^{2-}

在滤液中滴加 6mol/L HCl 溶液,搅匀,用 pH 试纸检验,至 pH 为 3~4。

7. 加热,蒸发,结晶

将滤液在蒸发皿中加热蒸发,体积为原体积的 1/3 时(糊状,勿蒸干),停止加热,冷却、结晶、抽滤。用少量 2:1 酒精洗涤沉淀,抽干。

8. 烘干

将抽滤得到的 NaCl 晶体,在干净干燥的蒸发皿中小火烘干,冷却,称重,计算产率。

9. 产品纯度的检验

称取粗盐和精盐各 0.5g,分别用 5mL 蒸馏水溶解备用。

(1) SO_4^{2-} 的检验:各取上述两种盐溶液 1mL,各加 2 滴 6mol/L HCl 溶液和 3~4 滴 $BaCl_2$ 溶液,观察有无白色 $BaSO_4$ 沉淀。

(2) Ca^{2+} 的检验:各取上述两种盐溶液 1mL,各加几滴 2mol/L HAc 酸化,分别滴加 3~4 滴饱和$(NH_4)_2C_2O_4$溶液,观察有无 CaC_2O_4 白色沉淀。

(3)Mg^{2+}的检验:各取上述两种盐溶液1mL,各加4~5滴6mol/L NaOH溶液摇匀,再各加3~4滴镁试剂,若有蓝色絮状沉淀,表示含Mg^{2+}。

五、实验结果

1. 产品外观
(1)粗盐_____;
(2)精盐_____。
2. 计算产率
_____。

六、思考题

(1)如何除去粗食盐中的杂质SO_4^{2-}、Ca^{2+}和Mg^{2+}等离子?
(2)怎样检验杂质离子是否沉淀完全?
(3)过量的Ba^{2+}如何除去?
(4)粗食盐提纯过程中,为什么要加HCl溶液?
(5)怎样检验Ca^{2+}、Mg^{2+}?

实验二 化学反应速率的测定

一、实验目的

(1)验证浓度、温度及催化剂对化学反应速率影响的理论。
(2)根据Arrhenius方程式,学会使用作图法测定反应活化能。
(3)巩固吸量管的使用方法和恒温操作。

二、实验原理

在水溶液中,$(NH_4)_2S_2O_8$和KI发生如下反应:
$$S_2O_8^{2-} + 3I^- =\!=\!= 2SO_4^{2-} + I_3^- \tag{5-1}$$
这个反应的平均反应速率与反应物浓度的关系可用下式表示:
$$r = \frac{-\Delta c(S_2O_8^{2-})}{\Delta t} = kc(S_2O_8^{2-})^m c(I^-)^n$$
式中:$\Delta c(S_2O_8^{2-})$——$S_2O_8^{2-}$在Δt时间内物质的量浓度的改变值;
$c(S_2O_8^{2-})c(I^-)$——两种离子的初始浓度(mol/L);
k——反应速率常数;
m、n——$S_2O_8^{2-}$、I^-的反应级数。

Δt内的$\Delta c(S_2O_8^{2-})$,在混合$(NH_4)_2S_2O_8$、KI溶液的同时,加入一定体积的已知浓度的$Na_2S_2O_3$溶液和淀粉溶液(作指示剂),这样在反应(5-1)进行的同时还发生以下反应:
$$2S_2O_3^{2-} + I_3^- = S_4O_6^{2-} + 3I^- \tag{5-2}$$

已知式(5-2)的反应速率比式(5-1)快得多,所以,在开始反应的一段时间内由反应(5-1)生成的 I_3^- 立即与 $S_2O_3^{2-}$ 反应,生成了无色的 $S_4O_6^{2-}$ 和 I^-。但是,一旦 $Na_2S_2O_3$ 耗尽,反应(5-1)生成的微量 I_3^- 就立即与淀粉作用,使溶液呈蓝色,记下反应开始至溶液出现蓝色所需要的时间 Δt。

从式(5-1)和式(5-2)可以看出,$S_2O_8^{2-}$ 和 $S_2O_3^{2-}$ 浓度减少量的关系为:

$$\Delta c(S_2O_8^{2-}) = \frac{\Delta c(S_2O_3^{2-})}{2}$$

由于在时间 Δt 内 $S_2O_3^{2-}$ 已全部耗尽,所以 $\Delta c(S_2O_3^{2-})$ 就等于反应开始时 $S_2O_3^{2-}$ 的浓度。故反应速率为:

$$R = \frac{-\Delta c(S_2O_8^{2-})}{\Delta t} = \frac{\Delta c(S_2O_3^{2-})}{2\Delta t} = \frac{c(S_2O_3^{2-})}{2\Delta t}$$

对反应速率式 $r = kc(S_2O_8^{2-})^m c(I^-)^n$ 两边取对数,得:

$$\lg r = m\lg c(S_2O_8^{2-}) + n\lg c(I^-) + \lg k$$

当 $c(I^-)$ 不变时,以 $\lg r$ 对 $\lg c(S_2O_8^{2-})$ 作图可得一直线,斜率即为 m。同理,当 $c(S_2O_8^{2-})$ 不变时,以 $\lg r$ 对 $\lg c(I^-)$ 作图,由所得的直线可以求得 n。求出 m 和 n 后,由反应速率式就可以求出反应速率常数 k。

根据阿仑尼乌斯(Arrhenius)公式,反应速率常数与温度有如下关系:

$$\lg k = A - \left(\frac{E_a}{2.303RT}\right)$$

式中:E_a——反应的活化能;

R——气体常数;

T——绝对温度。以不同温度时的 $\lg k$ 对 $1/T$ 作图,得一直线,由直线斜率(等于 $-E_a/2.303R$)可求得反应的活化能 E_a。

三、仪器和试剂

1. 仪器

大试管,小试管,吸量管,秒表,量筒等。

2. 试剂

(1) $(NH_4)_2S_2O_8$(0.20mol/L):将 45.6g $(NH_4)_2S_2O_8$ 溶于适量蒸馏水中,再稀释至 1L,摇匀。

(2) KI(0.20mol/L):将 33.2g KI 溶于适量蒸馏水中,再稀释至 1L,摇匀。

(3) $Na_2S_2O_3$(0.010mol/L):将 2.48g $Na_2S_2O_3$ 溶于适量蒸馏水中,再稀释至 1L,摇匀。

(4) $(NH_4)_2SO_4$(0.20mol/L):将 26.43g $(NH_4)_2SO_4$ 溶于适量蒸馏水中,再稀释至 1L,摇匀。

(5) 淀粉溶液(0.2%):将 2g 淀粉溶解于 1000mL 热水中,搅拌煮沸。

(6) $Cu(NO_3)_2$(0.020mol/L):将 4.84g $Cu(NO_3)_2$ 溶于适量蒸馏水中,在其中加入几滴浓硝酸,再稀释至 1L,摇匀。

四、实验步骤

1. 浓度对化学反应速率的影响,求反应级数

分别用量筒按表 5-1 中序号 Ⅰ 所要求的各试剂用量量取溶液,除 $(NH_4)_2S_2O_8$ 盛放于小试管外,其余溶液都倒入 1 个干燥烧杯中,混合均匀后,将量取的 $(NH_4)_2S_2O_8$ 快速加入烧杯中,同时按动秒表,并不断搅拌,当溶液刚出现蓝色时,记下时间及室温。

用同样的方法,按照表 5-1 中序号 Ⅱ、Ⅲ、Ⅳ、Ⅴ 所要求的试剂用量进行另外四次实验。为了使每次实验中溶液离子强度和总体积保持不变,用 0.20mol/L 的 $(NH_4)_2SO_4$ 溶液调整。

2. 温度对化学反应速率的影响,求反应的活化能

按表 5-1 序号 Ⅱ 中的用量,将 $(NH_4)_2S_2O_8$ 溶液加在一个干燥的小试管中,其余的溶液加在一干燥的烧杯中混合均匀。把试管和烧杯同时放在室温水浴中,按步骤 1 的方法操作,记下反应时间。

浓度对反应速率的影响 表 5-1

实验序号		Ⅰ	Ⅱ	Ⅲ	Ⅳ	Ⅴ
反应温度(℃)						
试剂的用量(mL)	0.20mol/L $(NH_4)_2S_2O_8$ 溶液	6	5	2.5	6	6
	0.20mol/L KI 溶液	10	10	10	5	2.5
	0.010mol/L $Na_2S_2O_3$ 溶液	8	8	8	8	8
	0.2% 淀粉溶液	4	4	4	4	4
	0.20mol/L $(NH_4)_2SO_4$ 溶液	0	1	3.5	5	7.5
反应的起始浓度(mol/L)	$(NH_4)_2S_2O_8$					
	KI					
	$Na_2S_2O_3$					
反应时间 Δt(s)						
反应速率 $r = \Delta c(S_2O_8^{2-})/\Delta t$						
反应速率常数 $k = r/c(S_2O_8^{2-})^m c(I^-)^n$						

在比室温高出 10℃、20℃、30℃ 的条件下(用热水浴调节温度)重复以上实验,算出 4 个温度下的反应速率和 k,把数据及结果填入表 5-2。

温度对反应速率的影响表 表 5-2

实验序号	Ⅰ	Ⅱ	Ⅲ	Ⅳ
反应温度(℃)				
反应时间(s)				
反应速率(r)				
反应速率常数(k)				
$\lg k$				
$1/T$				

3. 催化剂对化学反应速率的影响

$Cu(NO_3)_2$ 可使 $(NH_4)_2S_2O_8$ 氧化 KI 的反应加快。按表 5-1 中序号 Ⅱ 的用量,把 KI、$Na_2S_2O_3$ 和淀粉溶液都加在一个干燥的烧杯中,再加入 2 滴 0.020mol/L 的 $Cu(NO_3)_2$ 溶液,搅匀,然后按本实验操作步骤 1 的方法操作。记下反应时间,将此实验的反应速率与表 5-1 中实验 Ⅱ 的反应速率比较。根据反应结果,试看能得出什么结论。

五、思考题

(1)根据实验结果,说明浓度是如何影响反应速率的?

(2)若不用 $(NH_4)_2S_2O_8$,而用 I^- 或 I_3^- 的浓度变化来表示反应速率,则反应速率常数 k 是否一样?

(3)实验中为什么要迅速把 $(NH_4)_2S_2O_8$ 溶液加到其他几种物质的混合溶液中?

(4)实验中为什么可以由反应溶液出现蓝色的时间长短来计算反应速率?当溶液出现蓝色后,反应是否停止了?

实 验 三 沉 淀 平 衡

一、实验目的

(1)掌握溶度积原理与沉淀的生成、溶解之间的关系。

(2)验证酸度对沉淀生成的影响以及实现分步沉淀和沉淀的转化条件。

(3)学会使用离心机。

二、仪器与试剂

1. 仪器

离心机,试管,烧杯。

2. 试剂

(1)$Pb(NO_3)_2(s)$。

(2)KI(s)。

(3)NaCl(s)。

(4)NaAc(s)。

(5)pH 试纸。

(6)HNO_3(6mol/L):将 400mL 浓硝酸溶于适量蒸馏水中,稀释至 1L,摇匀。

(7)HCl(1mol/L):将 84mL 浓盐酸溶于适量蒸馏水中,稀释至 1L,摇匀。

(8)HCl(2mol/L):将 167mL 浓盐酸溶于适量蒸馏水中,稀释至 1L,摇匀。

(9)NaOH(0.1mol/L):将 4g NaOH 溶于适量蒸馏水中,稀释至 1L,摇匀。

(10)$NH_3 \cdot H_2O$(2mol/L):将 154mL 浓氨水溶于适量蒸馏水中,稀释至 1L,摇匀。

(11)$NH_3 \cdot H_2O$(6mol/L):将 462mL 浓氨水溶于适量蒸馏水中,稀释至 1L,摇匀。

(12) Na_2SO_4(0.002mol/L):将 0.28g Na_2SO_4 溶于适量蒸馏水中,稀释至 1L,摇匀。

(13) Na_2SO_4(0.1mol/L):将 14.2g Na_2SO_4 溶于适量蒸馏水中,稀释至 1L,摇匀。

(14) $CaCl_2$(0.01mol/L):将 1.11g $CaCl_2$ 溶于适量蒸馏水中,稀释至 1L,摇匀。

(15) $BaCl_2$(0.01mol/L):将 2.44g $BaCl_2 \cdot 2H_2O$ 溶于适量蒸馏水中,稀释至 1L,摇匀。

(16) $BaCl_2$(0.1mol/L):将 24.4g $BaCl_2 \cdot 2H_2O$ 溶于适量蒸馏水中,稀释至 1L,摇匀。

(17) $MgCl_2$(0.1mol/L):将 20.3g $MgCl_2 \cdot 6H_2O$ 溶于适量蒸馏水中,稀释至 1L,摇匀。

(18) $CuSO_4$(0.1mol/L):将 25g $CuSO_4 \cdot 5H_2O$ 溶于适量蒸馏水中,加几滴浓硫酸,再稀释至 1L,摇匀。

(19) $ZnSO_4$(0.2mol/L):将 57.6g $ZnSO_4 \cdot 7H_2O$ 溶于适量蒸馏水中,稀释至 1L,摇匀。

(20) $MnSO_4$(0.2mol/L):将 33.8g $MnSO_4 \cdot H_2O$ 溶于适量蒸馏水中,加几滴浓硫酸,再稀释至 1L,摇匀。

(21) $AgNO_3$(0.1mol/L):将 17g $AgNO_3$ 溶于适量蒸馏水中,加几滴浓硝酸,再稀释至 1L,摇匀,储存于棕色试剂瓶中。

(22) Na_2CO_3(0.1mol/L):将 10.6g 无水 Na_2CO_3 溶于适量蒸馏水中,稀释至 1L,摇匀。

(23) KCl(0.1mol/L):将 7.4g KCl 溶于适量蒸馏水中,稀释至 1L,摇匀。

(24) K_2CrO_4(0.1mol/L):将 19.4g K_2CrO_4 溶于适量蒸馏水中,稀释至 1L,摇匀。

(25) $Pb(NO_3)_2$(0.1mol/L):将 33.1g $Pb(NO_3)_2$ 溶于适量蒸馏水中,在其中加 5mL 浓硝酸,再稀释至 1L,摇匀,储存于棕色试剂瓶中。

(26) 饱和 PbI_2 溶液:将少量 PbI_2 溶于适量蒸馏水中,用水稀释至 1L,充分搅拌摇匀,使溶液中有部分不溶物,过滤后即得饱和溶液。

(27) 饱和 NH_4Cl 溶液:室温下,将 40g NH_4Cl 溶于适量蒸馏水中,用水稀释至 100mL,充分搅拌摇匀,过滤后即得饱和溶液。

(28) 饱和 H_2S 水:取 Fe_2S_3 适量,加入 20% 盐酸,将生成的 H_2S 气体通入不含 CO_2 的水中至饱和。此溶液用前配制,H_2S 易挥发,不宜长期放置。

三、实验步骤

1. 沉淀的生成

(1) 分别在 1mL 0.002mol/L Na_2SO_4 溶液中加入 1mL 0.01mol/L $CaCl_2$、$BaCl_2$ 溶液,观察现象。

(2) 分别在 PbI_2 饱和溶液中加入少量 $Pb(NO_3)_2$、KI 和 NaCl 固体,观察现象。

2. 酸度对沉淀生成的影响

(1) 分别取 1mL 0.1mol/L $CuSO_4$ 和 $MgCl_2$ 溶液,用 pH 试纸测定它们的 pH 值后,再分别滴加 0.1mol/L NaOH 溶液至刚出现(在光线充足处仔细观察)氢氧化物沉淀为止,用 pH 试纸测定溶液的 pH 值。比较 $Cu(OH)_2$ 与 $Mg(OH)_2$ 开始沉淀时溶液的 pH 值有何不同。

(2) 在三支离心试管中,分别加入 1mL 0.1mol/L $CuSO_4$、$ZnSO_4$ 和 $MnSO_4$ 溶液,再各加入 0.5mL 1mol/L HCl 溶液,混匀,通入 H_2S 气体,观察现象。在没有沉淀产生的二支试管中,分别加入少量 NaAc 固体,使溶液的 pH 值达到 2~3,再观察现象。最后在无沉淀的离心试管中,加入几滴 2mol/L $NH_3 \cdot H_2O$ 溶液,试管中产生沉淀,用 pH 试纸测定此时溶液的 pH 值。

3. 沉淀的溶解

(1) 在一支试管中加入 0.5mL 0.1mol/L $BaCl_2$ 溶液和 0.5mL 0.1mol/L Na_2CO_3 溶液，观察现象。再加入几滴 2mol/L HCl 溶液，观察有何变化。

(2) 在两支试管中分别加入 0.5mL 0.1mol/L $MgCl_2$ 溶液，滴加 2mol/L $NH_3 \cdot H_2O$ 溶液至有沉淀生成。然后在第一支试管中加入 2mol/L HCl 溶液，在第二支试管中加入饱和 NH_4Cl 溶液，观察现象。

(3) 在一支试管中加入 1mL 0.1mol/L $AgNO_3$ 溶液，滴加 0.1mol/L KCl 溶液，观察现象。再加入过量的 6mol/L $NH_3 \cdot H_2O$ 溶液，观察有何变化。

(4) 在一支离心试管中加入 1mL 0.1mol/L $AgNO_3$ 溶液，滴加 H_2S 水至有沉淀生成。然后离心分离，洗涤沉淀，在沉淀中加入 1mL 6mol/L HNO_3 溶液，并用水浴加热，观察现象。

4. 分步沉淀

在试管中加入 0.5mL 0.1mol/L KCl 溶液和 4 滴 0.1mol/L K_2CrO_4 溶液，混匀，边振荡试管边滴加 0.1mol/L $AgNO_3$ 溶液，观察现象。

5. 沉淀的转化

在盛有 0.5mL 0.1mol/L $Pb(NO_3)_2$ 溶液的试管中，加入 0.5mL 0.1mol/L Na_2SO_4 溶液，观察现象。再加入 0.5mL 0.1mol/L K_2CrO_4 溶液，观察混匀后有何变化。

四、思考题

(1) 沉淀氢氧化物是否一定要在碱性条件下进行？是否溶液的碱性越强，氢氧化物就沉淀得越完全？

(2) $BaCO_3$、$BaCrO_4$、$BaSO_4$ 三种难溶盐的溶解度相差不大，但 $BaCO_3$ 能溶于 HAc 溶液，$BaCrO_4$ 能溶于 HCl 溶液，而 $BaSO_4$ 在以上两种酸中都不溶，为什么？

实验四 氧化还原与电化学

一、实验目的

(1) 了解电极电势与氧化还原反应的关系。
(2) 了解氧化态或者还原态浓度变化、形成配合物对氧化还原反应及电极电势的影响。
(3) 掌握原电池的组成和电动势的测定。
(4) 掌握电位差计的使用方法。

二、实验原理

氧化还原反应的吉布斯自由能变化 ΔG 可用来判断该反应进行的方向，即时 $\Delta G < 0$ 反应能自发地朝正方向进行；$\Delta G > 0$ 时反应不能自发地朝正方向进行；$\Delta G = 0$ 时反应处于平衡状态。ΔG 与原电池电动势 E 之间存有关系：$\Delta G = -nEF$，因此通常用 E 和直接用标准电动势 $E^{\theta}(\Phi_+^{\theta} - \Phi_-^{\theta})$ 来判断氧化还原反应的方向，即 $\Phi_+^{\theta} > \Phi_-^{\theta}$ 时反应能自发地朝正方向进行；$\Phi_+^{\theta} < \Phi_-^{\theta}$ 时反应不能自发地朝正方向进行；$\Phi_+^{\theta} = \Phi_-^{\theta}$ 时反应处于平衡状态。浓度、介质酸碱

性等对 E（或 φ）的影响可用能斯特方程进行计算。

利用自发的氧化还原反应将化学能转变为电能而产生电流的装置，称为原电池。例如，把两种不同的金属分别放在它们的盐溶液中，通过盐桥连接，就组成了简单的原电池。一般来说，较活泼的金属为负极，较不活泼的金属为正极。放电时，负极金属通过导线不断把电子传给正极，成为正离子而进入溶液中；正极附近溶液中的正离子在正极上得到电子，通常以单质析出。即原电池的负极上进行失电子的氧化过程，而正极上进行得电子的还原过程。

三、实验仪器与试剂

1. 实验仪器

电位差计，铜电极，锌电极，盐桥。

2. 实验试剂

(1) KI（0.1mol/L）：将16.6g KI 溶于适量蒸馏水中，稀释至1L。

(2) $FeCl_3$（0.1mol/L）：将27g $FeCl_3 \cdot 6H_2O$ 溶于稀盐酸中，配成1L溶液。

(3) $CuSO_4$（1.00mol/L）：将250g $CuSO_4 \cdot 5H_2O$ 溶于适量蒸馏水，在其中加入几滴浓硫酸，用水稀释至1L。

(4) $ZnSO_4$（1.00mol/L）：将288g $ZnSO_4 \cdot 7H_2O$ 溶于适量蒸馏水，在其中加入几滴浓硫酸，用水稀释至1L。

(5) 浓氨水。

四、实验步骤

1. 电极电势与氧化还原反应的关系

(1) 将3~4滴0.1mol/L的KI溶液用蒸馏水稀释至1mL，加入2滴0.1mol/L的$FeCl_3$溶液，同时溶液中加入少量淀粉，振荡，观察现象。

(2) 思考：如果用0.1mol/L的KBr溶液代替0.1mol/L的KI溶液做同样的实验会有什么结果？

2. 浓度对电极电势的影响

(1) 在一干燥的50mL小烧杯中加入20mL 1.00mol/L $CuSO_4$溶液，将饱和甘汞电极接入电位差计的负极，铜电极接到正极上，室温下测定此原电池电动势。

(2) 由1.00mol/L $CuSO_4$溶液分别配制0.500mol/L、0.250mol/L和0.100mol/L $CuSO_4$溶液，用同样的方法分别测定不同浓度时的原电池电动势（每次测量前均应将电极洗干净）。由测得的各电动势数值，计算相应浓度的$E(Cu^{2+}/Cu)$值。

(3) 测定浓差电池的电动势。

设计电池如下：

$$Cu(S) | CuSO_4(0.100mol/L) \| CuSO_4(1.00mol/L) | Cu(S)$$

电池的电动势计算公式见式(5-3)：

$$E = \frac{RT}{2F}\ln\frac{c_{Cu^{2+}}(c_2)}{c_{Cu^{2+}}(c_1)} = \frac{0.05917}{2}\lg\frac{c_{Cu^{2+}}(c_2)}{c_{Cu^{2+}}(c_1)} \quad (c_2 > c_1) \quad (5\text{-}3)$$

3. 配合物的形成对电极电势的影响

将约8mL浓氨水溶液加入到 $Cu/CuSO_4$（1mol/L）半电池的$CuSO_4$溶液中，开始生成

Cu(OH)$_2$沉淀,沉淀慢慢溶解,搅拌,待沉淀完全溶解后,与饱和甘汞电极组成原电池,测定其电动势。

讨论:形成配合物对电极电势有何影响?

4. 铜锌原电池电动势的测定

用细砂纸除去金属片表面的氧化层及其他物质,洗净,擦干。

在1个干燥的50mL小烧杯中加入20mL 1.00mol/L CuSO$_4$溶液,并插入铜电极,组成一个半电池;在另一个50mL小烧杯中加入20mL 1.00mol/L ZnSO$_4$溶液,并插入锌电极,组成另一个半电池。并用一个盐桥连接两个半电池,铜电极接在电位差计正极,锌电极接在负极,在室温下测定 Zn(S)|ZnSO$_4$(1.00mol/L)‖CuSO$_4$(1.00mol/L)|Cu(S)的电池电动势。

用同样的方法测定 Zn(S)|ZnSO$_4$(1.00mol/L)‖CuSO$_4$(0.10mol/L)|Cu(S)和 Zn(S)|ZnSO$_4$(0.10mol/L)‖CuSO$_4$(0.10mol/L)|Cu(S)的电池电动势。

五、思考题

(1)电极电势差值越大,氧化还原反应是否进行得越快?

(2)配合物的形成对电极电势有何影响?

(3)原电池和电解池有何区别?

实验五 s区碱金属和碱土金属

一、实验目的

(1)比较钠、钾、镁的活泼性。

(2)通过实验比较镁、钙、钡的硫酸盐、铬酸盐和草酸盐的溶解性。

(3)了解鉴定反应。

(4)了解使用钠、钾、汞的安全措施。

二、仪器与试剂

1. 仪器

蒸发皿,烧杯,瓷坩埚,嵌有镍铬丝的玻璃棒,酒精灯等。

2. 试剂

(1)钠。

(2)钾。

(3)镁条。

(4)汞。

(5)碳酸镁(s)。

(6)碳酸钙(s)。

(7)碳酸钡(s)。

(8)浓 HNO_3。

(9)HCl(2mol/L):将 83.5mL 浓盐酸溶于适量蒸馏水中,稀释至 500mL,摇匀。

(10)HCl(6mol/L):将 250mL 浓盐酸溶于适量蒸馏水中,稀释至 500mL,摇匀。

(11)HAc(6mol/L):将 171.6mL 冰乙酸溶于适量蒸馏水中,稀释至 500mL,摇匀。

(12)NaOH(2mol/L):将 40g NaOH 溶于适量蒸馏水中,稀释至 500mL,摇匀。

(13)NaOH(6mol/L):将 120g NaOH 溶于适量蒸馏水中,稀释至 500mL,摇匀。

(14)$NH_3 \cdot H_2O$(2mol/L):将 77mL 浓盐酸溶于适量蒸馏水中,稀释至 500mL,摇匀。

(15)澄清的石灰水。

(16)$CaCl_2$(0.1mol/L):将 11g $CaCl_2 \cdot 6H_2O$ 溶于适量蒸馏水中,稀释至 500mL,摇匀。

(17)$CaCl_2$(0.5mol/L):将 55g $CaCl_2 \cdot 6H_2O$ 溶于适量蒸馏水中,稀释至 500mL,摇匀。

(18)$CaCl_2$(1mol/L):将 110g $CaCl_2 \cdot 6H_2O$ 溶于适量蒸馏水中,稀释至 500mL,摇匀。

(19)$SrCl_2$(0.1mol/L):将 13.4g $SrCl_2 \cdot 6H_2O$ 溶于适量蒸馏水中,稀释至 500mL,摇匀。

(20)$SrCl_2$(0.5mol/L):将 67g $SrCl_2 \cdot 6H_2O$ 溶于适量蒸馏水中,稀释至 500mL,摇匀。

(21)$SrCl_2$(1mol/L):将 134g $SrCl_2 \cdot 6H_2O$ 溶于适量蒸馏水中,稀释至 500mL,摇匀。

(22)$BaCl_2$(0.1mol/L):将 12.2g $BaCl_2 \cdot 6H_2O$ 溶于适量蒸馏水中,稀释至 500mL,摇匀。

(23)$BaCl_2$(0.5mol/L):将 62g $BaCl_2 \cdot 6H_2O$ 溶于适量蒸馏水中,稀释至 500mL,摇匀。

(24)$BaCl_2$(1mol/L):将 122g $BaCl_2 \cdot 6H_2O$ 溶于适量蒸馏水中,稀释至 500mL,摇匀。

(25)Na_2SO_4(0.5mol/L):将 35.5g Na_2SO_4 溶于适量蒸馏水中,稀释至 500mL,摇匀。

(26)NH_4Cl(2mol/L):将 53.5g NH_4Cl 溶于适量蒸馏水中,稀释至 500mL,摇匀。

(27)NH_4Cl(饱和溶液)。

(28)LiCl(1mol/L):将 21.2g LiCl 溶于适量蒸馏水中,稀释至 500mL,摇匀。

(29)KCl(1mol/L):将 37.28g KCl 溶于适量蒸馏水中,稀释至 500mL,摇匀。

(30)NaCl(1mol/L):将 29.22g NaCl 溶于适量蒸馏水中,稀释至 500mL,摇匀。

(31)NH_4Ac(3mol/L):将 115.62g NH_4Ac 溶于适量蒸馏水中,稀释至 500mL,摇匀。

(32)K_2CrO_4(0.1mol/L):将 9.71g K_2CrO_4 溶于适量蒸馏水中,稀释至 500mL,摇匀。

(33)K_2CrO_4(0.5mol/L):将 48.55g K_2CrO_4 溶于适量蒸馏水中,稀释至 500mL,摇匀。

(34)$MgCl_2$(0.5mol/L):将 50.83g $MgCl_2 \cdot 6H_2O$ 溶于适量蒸馏水中,稀释至 500mL,摇匀。

(35)Na_2HPO_4(0.5mol/L):将 89.54g $Na_2HPO_4 \cdot 6H_2O$ 溶于适量蒸馏水中,稀释至 500mL,摇匀。

(36)镁试剂:将 0.01g 镁试剂溶于 1L 1mol/L 的 NaOH 溶液中。

三、实验步骤

1. 金属在空气中的燃烧

(1)金属钠与氧气的作用

用镊子从煤油中夹取一小块金属钠,用滤纸吸干表面的煤油,并用小刀削出新鲜表面,立即放入干燥蒸发皿微热,当钠开始燃烧时,停止加热,观察反应情况和产物的颜色、状态,保留产物,立即将其用作实验步骤3(1)(过氧化钠的性质)实验。

(2)金属镁的燃烧

取一小段镁条,用砂纸擦去表面的氧化膜,点燃、观察燃烧情况和产物的颜色、状态。

2.金属与水的作用

(1)金属钠、钾和水的作用

分别取绿豆大小的一块金属钠、钾,用滤纸吸干表面的煤油,各放入一盛有水的小烧杯中,观察反应情况,检验反应后溶液的碱性,比较两组实验的异同。

(2)钠汞齐的生成及与水的作用

用滴管取一滴汞(滴管深入到瓶底,以免带出过多水分)放入干燥坩埚内,用滤纸吸干水分,另取一小块金属钠,用滤纸吸干表面的煤油,放在汞滴上,用玻璃棒研压,观察反映情况和产物的颜色、状态。

在上述产物中加入少量水,观察现象。检查反应后水溶液的酸碱性,比较金属钠和钠汞齐与水反应的异同。

(3)镁与水的反应

取一小段镁条,用砂纸擦去表面的氧化膜,放入试管中与冷水作用,观察现象。水浴加热,有何变化?检验水溶液的酸碱性。

3.氧化物和氢氧化物

(1)过氧化钠的性质

将实验步骤1(1)中的产物转入一干燥小试管中,加入少量水。检验是否有氧气放出和水溶液的酸碱性。

(2)碱土金属的氧化物和氢氧化物

①取三支带有导气管的试管,分别加入少量固体 $MgCO_3$、$CaCO_3$、$BaCO_3$,将导气管外端插入澄清的石灰水中,试管固定在铁架台上,强热固体,分别观察石灰水浑浊所需的时间。拆去导气管,分别加入2~3滴水以润湿管中的产物,比较各产物与水反应的剧烈程度。

②取三份等量2mol/L NaOH溶液,分别逐滴加入等体积的0.1mol/L $CaCl_2$、$SrCl_2$、$BaCl_2$ 溶液,观察沉淀的量,得出这些氢氧化物溶解度的递变顺序。

4.碱土金属的难溶盐

(1)溶解度

在三支试管中分别加入0.5mL 0.5mol/L 的 $MgCl_2$、$CaCl_2$、$BaCl_2$ 溶液,再各加入0.5mL 0.5mol/L Na_2SO_4 溶液,观察各自产物的颜色、状态。分别将沉淀与浓 HNO_3 进行反应。

由实验结果比较 $MgSO_4$、$CaSO_4$、$BaSO_4$ 溶解度的大小。

(2)碳酸盐

①在三支试管中分别加入0.5mL 0.5mol/L 的 $MgCl_2$、$CaCl_2$、$BaCl_2$ 溶液,然后加入0.5mL 1mol/L Na_2CO_3 溶液,观察各自产物颜色、状态。分别将沉淀与2mol/L HAc 溶液进行反应。

②用2~3滴饱和 NH_4Cl 溶液和2~3滴 NH_3 与 $(NH_4)_2CO_3$ 的混合溶液[含1mol/L NH_3 和1mol/L $(NH_4)_2CO_3$]代替上面实验中的 Na_2CO_3 溶液,按同样方法进行实验,观察现

象。比较两个实验结果有何不同。

(3) 铬酸盐

在三支试管中分别加入 0.5mL 0.5mol/L 的 $MgCl_2$、$CaCl_2$、$BaCl_2$ 溶液,然后加入 0.5mL 1mol/L K_2CrO_4 溶液,观察现象。分别将沉淀与 6mol/L HAc 和 6mol/L HCl 溶液进行反应。比较 $MgCrO_4$、$CaCrO_4$、$BaCrO_4$ 溶解度的大小。

(4) 草酸盐

在三支试管中分别加入 1 滴 0.5mol/L $MgCl_2$、$CaCl_2$、$BaCl_2$ 溶液,然后加入 1 滴饱和 $(NH_4)_2C_2O_4$ 溶液,观察现象。分别将沉淀与 6mol/L HAc 和 6mol/L HCl 溶液进行反应。比较 MgC_2O_4、CaC_2O_4、BaC_2O_4 溶解度的大小。

(5) 磷酸铵镁的生成

在一支试管中分别加入 0.5mL 0.5mol/L $MgCl_2$ 溶液,接着加几滴 2mol/L HCl 和 0.5mL 0.5mol/L Na_2HPO_4 溶液,再加 4~5 滴 2mol/L $NH_3 \cdot H_2O$,观察产物的颜色、状态。这是 Mg^{2+} 的重要反应,但鉴定 Mg^{2+} 时常用镁试剂。操作如下:在试管中加入 2 滴 Mg^{2+} 试液,再加入 2 滴 6mol/L NaOH 溶液和 1 滴镁试剂溶液,沉淀呈蓝色,则有 Mg^{2+} 存在。

(6) 焰色反应

取一根嵌有镍铬丝的玻璃棒。将镍铬丝顶端弯成小圆圈,蘸以 6mol/L HCl 溶液在氧化焰中灼烧。反复操作,直至灼烧时火焰几乎无色,表示镍铬丝已清洗干净。

用 6 根洁净的镍铬丝分别蘸取 1mol/L LiCl、KCl、NaCl、$CaCl_2$、$SrCl_2$、$BaCl_2$ 溶液,在氧化焰中灼烧,观察火焰的颜色。

四、思考题

(1) 由实验结果比较碱土金属的氢氧化物溶解度的递变规律,并加以解释。

(2) 为什么可以按其是否溶于 HAc 和 HCl 来比较 CaC_2O_4 与 BaC_2O_4、SrC_2O_4 与 BaC_2O_4 溶解度的相对大小?

(3) 焰色反应可用于鉴定哪些离子?其火焰各是什么颜色?

实验六 卤族元素及化合物性质

一、实验目的

(1) 实验并掌握卤素的氧化性和卤素离子的还原性及其递变规律。
(2) 掌握卤素单质的歧化反应。
(3) 学习用试纸检查反应过程中产生气体的操作方法。
(4) 分离检出水溶液中 Cl^-、Br^-、I^-。

二、仪器与试剂

1. 仪器

烧杯、试管、离心试管、离心机、铁架台、分液漏斗、瓷坩埚等。

2. 试剂

（1）KBr(s)。

（2）KI(s)。

（3）NaCl(s)。

（4）Na_2CO_3(s)。

（5）I_2(s)。

（6）红磷。

（7）硫粉(s)。

（8）MnO_2(s)。

（9）锌粉(s)。

（10）消石灰(s)。

（11）KI-淀粉试纸。

（12）$PbAc_2$试纸。

（13）浓 HNO_3。

（14）浓 H_2SO_4。

（15）浓 H_3PO_4。

（16）浓 HCl。

（17）HNO_3(2mol/L)：将133.3mL浓 HNO_3溶于适量蒸馏水中，用水稀释至1L，摇匀。

（18）HNO_3(6mol/L)：将400mL浓 HNO_3溶于适量蒸馏水中，用水稀释至1L，摇匀。

（19）HCl(2mol/L)：将166.7mL浓盐酸溶于适量蒸馏水中，用水稀释至1L，摇匀。

（20）HCl(6mol/L)：将500mL浓盐酸溶于适量蒸馏水中，用水稀释至1L，摇匀。

（21）H_2SO_4(1mol/L)：将54.3mL浓硫酸沿着烧杯壁缓慢倒入适量蒸馏水中，边倒入边搅拌，再用水稀释至1L，摇匀。

（22）浓 $NH_3 \cdot H_2O$。

（23）NaOH(2mol/L)：将80g NaOH溶于适量蒸馏水中，用水稀释至1L，摇匀。

（24）NaOH(6mol/L)：将240g NaOH溶于适量蒸馏水中，用水稀释至1L，摇匀。

（25）$NH_3 \cdot H_2O$(2mol/L)：将154mL浓氨水溶于适量蒸馏水中，用水稀释至1L，摇匀。

（26）$NH_3 \cdot H_2O$(6mol/L)：将462mL浓氨水溶于适量蒸馏水中，用水稀释至1L，摇匀。

（27）NaCl(0.5mol/L)：将29.2g NaCl溶于适量蒸馏水中，用水稀释至1L，摇匀。

（28）KI(0.01mol/L)：将1.66g KI溶于适量蒸馏水中，用水稀释至1L，摇匀。

（29）KI(0.5mol/L)：将83g KI溶于适量蒸馏水中，用水稀释至1L，摇匀。

（30）KBr(0.5mol/L)：将59.5g KBr溶于适量蒸馏水中，用水稀释至1L，摇匀。

（31）NaF(0.5mol/L)：将21g NaF溶于适量蒸馏水中，用水稀释至1L，摇匀。

（32）$Ca(NO_3)_2$(0.5mol/L)：将118g $Ca(NO_3)_2 \cdot 4H_2O$溶于适量蒸馏水中，用水稀释至1L，摇匀。

（33）$AgNO_3$(0.1mol/L)：将17g $AgNO_3$溶于适量蒸馏水中，加几滴浓硝酸，再稀释至1L，摇匀，储存于棕色试剂瓶中。

（34）$Hg_2(NO_3)_2$(0.1mol/L)：将52.52g $Hg_2(NO_3)_2$溶于适量蒸馏水中，加几滴浓硝酸，

再稀释至1L,摇匀,储存于棕色试剂瓶中。

(35)$Pb(NO_3)_2$(0.1mol/L):将33.12g $Pb(NO_3)_2$溶于适量蒸馏水中,加几滴浓HNO_3,再稀释至1L,摇匀,储存于棕色试剂瓶中。

(36)氯水。

(37)溴水。

(38)碘水。

(39)CCl_4。

(40)CS_2。

三、实验步骤

1.卤素的溶解性

(1)在三支试管中分别加入10滴氯水、溴水、碘水。观察它们的颜色后再各加入0.5mL 0.5mol/L的CCl_4,充分振荡试管,静置片刻,观察有机层中的颜色,并与卤素水溶液的颜色比较。

(2)在试管中放入1~2粒碘,滴加1mL水,振荡,观察溶液的颜色。再加入1mL 0.5mol/L的KI溶液,振荡,观察溶液颜色有何变化?设法验证溶液中有碘存在。

2.卤素的氧化性

(1)碘的氧化性

在盛有数滴碘水的试管中滴加H_2S水溶液,观察现象。

(2)氯水对溴、碘离子混合液的作用

在试管中加入0.5mL 0.1mol/L KBr溶液和4滴0.01mol/L KI溶液,再加入0.5mL的CCl_4,并逐滴加入氯水,每加一滴振荡一次试管。观察CCl_4层的颜色变化过程。

3.卤化氢的生成与性质

(1)在盛有少量固体NaCl的干试管中加入0.5mL浓硫酸,立即将蘸有浓$NH_3 \cdot H_2O$的玻璃棒置于管口,检验气体产物。然后将烧热的玻璃棒插入管内的气体中,检验气体的热稳定性。

(2)在盛有少量固体KBr的干试管中加入0.5mL浓磷酸,加热,设法检验放出的气体成分。

(3)在盛有少量粉状碘和红磷(须预先放在真空干燥器内干燥)混合物的干燥试管中滴加少量水(若红磷未经干燥,可不加水),设法检验放出的气体是什么物质。然后,将烧热的玻璃棒插入管内的气体中,有何现象,比较卤化氢的热稳定性。

(4)在两支干燥试管中分别加入少量(黄豆大小)KBr、KI固体,再各加入0.5mL浓硫酸,用润湿的KI-淀粉试纸和$PbAc_2$试纸分别检验气体产物。

(5)在一支干试管中加入少量固体NaCl和MnO_2,混合后再加入1mL浓硫酸,微热,观察气体产物的颜色和气味,判断是何物质。比较Cl^-、Br^-、I^-的还原性。

4.卤化物的溶解性

(1)在四支试管中分别加入0.5mol/L的NaF、NaCl、KBr、KI溶液,各滴加等量的0.5mol/L $Ca(NO_3)_2$溶液,各观察现象。

(2)用 0.1mol/L $AgNO_3$ 溶液代替步骤(1)中的 0.5mol/L $Ca(NO_3)_2$ 溶液进行实验，观察现象。将产生沉淀的溶液离心分离，在各沉淀中分别逐滴加入同样滴数的 6mol/L $NH_3·H_2O$，边滴加边振荡，观察沉淀溶解的情况。

(3)用 0.5mL 0.1mol/L $AgNO_3$、$Hg_2(NO_3)_2$、$Pb(NO_3)_2$ 溶液分别与 0.5mL 0.5mol/L NaCl 溶液反应，制得 AgCl、Hg_2Cl_2、$PbCl_2$ 等氯化物沉淀物，分别与浓 HCl、$NH_3·H_2O$ 和热水作用，观察现象。

5. 卤素的歧化反应

(1)在 0.5mL 溴水中滴加 2mol/L NaOH 溶液，振荡，观察溶液颜色的变化。

(2)在 0.5mL 碘水中，加一滴淀粉溶液，再滴加 6mol/L 的 NaOH 溶液，振荡，观察溶液颜色的变化。

6. Cl^-、Br^-、I^- 混合液的分离、鉴定

分离、鉴定流程见图 5-1。

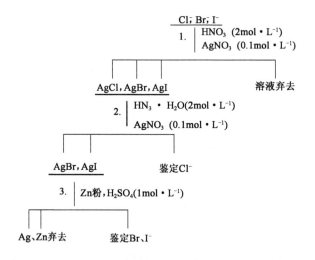

图 5-1　Cl^-、Br^-、I^- 混合液的分离、鉴定流程图

取 Cl^-、Br^-、I^- 混合溶液按下列步骤操作：

(1)取 Cl^-、Br^-、I^- 混合溶液 5 滴于离心试管中，加 3 滴 2mol/L HNO_3 酸化，再加 0.1mol/L $AgNO_3$ 溶液至沉淀完全；加热 2min，离心分离，弃去溶液。

(2)在沉淀中加入 0.5mL 的 $Ag(NO_3)$ 溶液，剧烈搅拌并温热 1min；离心分离，移清液于另一离心试管中作 Cl^- 鉴定。

(3)在沉淀中加入 0.5mL 的 1mol/L H_2SO_4 溶液及少量 Zn 粉，充分搅拌，加热至沉淀都变为黑色，离心分离，移清液于另一试管中，作 Br^-、I^- 鉴定。

四、思考题

(1)氯、溴、碘在极性溶剂(如水)和非极性溶剂(如 CCl_4)中的溶解情况如何？它们形成的溶液是什么颜色？

(2)实验室制备、鉴定 HCl 气体的方法有哪些?

(3)用浓硫酸分别与 KBr、KI 反应能否制备 HBr、HI 气体?为什么?通常采用什么方法制备这两种气体?

(4)怎样用实验来区别 AgCl、AgBr、AgI 这三种沉淀物?

(5)用 KI-淀粉试纸检验氯气时,若氯气浓度较大且与试纸接触时间较长,将会出现什么现象?为什么?

实验七 水泥熟料中二氧化硅含量的测定

一、实验目的

(1)学会用氟硅酸钾量法测定水泥熟料中 SiO_2 的含量。

(2)掌握试样的溶解、沉淀分离等基本操作。

二、实验原理

水泥熟料试样可用硝酸(HNO_3)溶解,分解后使 SiO_2 转化成可溶性的硅酸盐,在硝酸介质中,加入 KCl 和 KF,则生成硅氟酸钾沉淀,主要反应如下:

$$SiO_3^{2-} + 6F^- + 6H^+ = SiF_6^{2-} + 3H_2O$$

$$SiF_6^{2-} + 2K^+ = K_2SiF_6 \downarrow$$

因为沉淀的溶解度较大,所以应加入固体 KCl 至饱和,以降低沉淀的溶解度。在过滤洗涤过程中为了防止沉淀的溶解损失,采用 $KCl—C_2H_5OH$ 溶液作洗涤剂。沉淀洗后连同滤纸一起放入原塑料烧杯中,加入 $KCl—C_2H_5OH$ 溶液及酚酞指示剂,用 NaOH 溶液中和游离酸至酚酞变红。

加入沸水使沉淀水解:

$$K_2SiF_6 + 3H_2O = 2KF + H_2SiO_3 \downarrow + 4HF$$

用标准 NaOH 溶液,滴定水解产生 HF,由 NaOH 标准溶液用量计算 SiO_2 的百分含量。

$$HF + NaOH = NaF + H_2O$$

三、仪器与试剂

1. 仪器

分析天平,干燥器,称量瓶,塑料烧杯,塑料棒,中速滤纸,碱式滴定管,洗瓶。

2. 试剂

(1)浓硝酸(1.4g/mL)。

(2)氟化钾(固体)。

(3)15% KF 混合溶液:称取 150g $KF \cdot 2H_2O$,溶于 500mL 水中,加浓硝酸 210mL,用水稀释至 1L,加入固体 KCl 直至饱和,放置 30min 后用中速滤纸过滤,滤液储存在塑料瓶中备用。

(4) KCl 溶液(5%)：将 5g KCl 溶解于 100mL 水中。

(5) 5% KCl 的 50% 乙醇溶液：将 50g KCl 溶于 500mL 水中，用 95% 乙醇稀释至 1L。

(6) NaOH 标准溶液(0.1mol/L)：配制与标定方法见第四章实验五。

(7) 酚酞指示剂(0.2%)：将 0.2g 酚酞溶解于 100mL 95% 乙醇中。

(8) 水泥熟料试样(酸不溶物<0.2%)。

四、实验步骤

准确称取 0.2g 酸溶性水泥熟料，置于 300mL 塑料烧杯中，加水 15mL 润湿，用塑料棒将试样压碎，一次加入 10mL 浓硝酸，并用塑料棒充分搅拌，待试样溶解后，冷却，加入固体 KCl 充分搅拌直至饱和(杯底留有少量 KCl 固体不溶)。加 15% KF 混合溶液 10mL，搅拌，然后静置 15min。用中速滤纸及塑料漏斗过滤，以 5% KCl 水溶液洗涤杯壁及沉淀三次，将滤纸连同沉淀置于原塑料烧杯中。沿杯壁加入 10mL 15% KCl 的 50% 乙醇溶液，加酚酞指示剂 2mL，用 NaOH 溶液中和(中和时开始可用浓度稍大的 NaOH 溶液，颜色较淡时再用浓度较小的溶液，这样不至于使中和后的溶液量过多，而使加入热水后温度达不到要求的 70℃ 以上)未洗净的残余酸，用塑料棒反复压挤滤纸，搅拌滤纸及沉淀并擦洗杯壁，加入 NaOH 溶液直至溶液呈红色。

向杯中加入沸水 200mL，使沉淀水解，立即用 NaOH 标准溶液滴定至溶液呈微红色且 30s 内不褪色，即为终点，记录消耗的 NaOH 标准溶液的体积，根据 NaOH 标准溶液的用量计算试样中 SiO_2 的含量。

五、数据记录与计算

将实验数据记录于表 5-3 中，并进行相应计算。

水泥熟料中 SiO_2 含量的测定的数据记录及计算表　　　　　表 5-3

试样质量(g)	c_{NaOH}(mol/L)	v_{NaOH}(mL)	SiO_2 含量(%)

六、注意事项

(1) KCl 固体较粗，需研细，加入要适量，以免过量而形成 K_3AlF_6 沉淀。

(2) 过滤、洗涤、中和三步操作要连续进行，尽快完成。K_2SiF_6 沉淀经洗涤后仍有少量残余酸，中和残余酸时先将滤纸贴在塑料杯壁上，右手轻轻转动塑料杯，用 NaOH 溶液中和至红色出现后，再将滤纸浸入溶液中，继续中和至呈红色，切忌在中和完全前将滤纸捣烂。

(3) 用 NaOH 溶液滴定时，溶液的温度不应低于 70℃，故加沸水水解后应立即趁热滴定。

七、思考题

(1) 氟硅酸钾法测定 SiO_2 的原理是什么？

(2)用 NaOH 中和残余酸时,加入的 NaOH 溶液量过多或过少,对实验结果有何影响?

(3)本实验为何须在塑料烧杯中进行?

实验八　石灰中有效氧化钙的测定方法

石灰有效氧化钙测定方法(T 0811—1994)

一、适用范围

本方法适用于测定各种石灰的有效氧化钙含量。

二、仪器设备

(1)方孔筛:0.15mm,1 个。

(2)烘箱:50~250℃,1 台。

(3)干燥器:ϕ25cm,1 个。

(4)称量瓶:ϕ30mm×50mm,10 个。

(5)瓷研钵:ϕ12~13cm,1 个。

(6)分析天平:量程不小于 50g,感量 0.0001g,1 台。

(7)电子天平:量程不小于 500g,感量 0.01g,1 台。

(8)电炉:1500W,1 个。

(9)石棉网:20cm×20cm,1 块。

(10)玻璃珠:ϕ3mm,1 袋(0.25kg)。

(11)具塞三角瓶:250mL,20 个。

(12)漏斗:短颈,3 个。

(13)塑料洗瓶:1 个。

(14)塑料桶:20L,1 个。

(15)下口蒸馏水瓶:5000mL,1 个。

(16)三角瓶:300mL,10 个。

(17)容量瓶:250mL、1000mL,各 1 个。

(18)量筒:200mL、100mL、50mL、5mL,各 1 个。

(19)试剂瓶:250mL、1000mL,各 5 个。

(20)塑料试剂瓶:1L,1 个。

(21)烧杯:50mL,5 个;250mL(或 300mL),10 个。

(22)棕色广口瓶:60mL,4 个;250mL,5 个。

(23)滴瓶:60mL,3 个。

(24)酸式滴定管:50mL,2 支。

(25)滴定台及滴定管夹:各 1 套。

(26)大肚移液管:25mL、50mL,各 1 支。

(27)表面皿:7cm,10块。

(28)玻璃棒:8mm×250mm 及 4mm×180mm,各 10 支。

(29)药匙:5 个。

(30)吸水管:8mm×150mm,5 支。

(31)洗耳球:大、小各 1 个。

三、试剂

(1)蔗糖(分析纯)。

(2)酚酞指示剂:称取 0.5g 酚酞溶于 50mL 95% 乙醇中。

(3)0.1% 甲基橙水溶液:称取 0.05g 甲基橙溶于 50mL 蒸馏水(40~50℃)中。

(4)盐酸标准溶液(相当于 0.5mol/L):将 42mL 浓盐酸(相对密度 1.19)稀释至 1L,按下述方法标定其摩尔浓度后备用。

称取 0.8~1.0g(精确至 0.0001g)已在 180℃烘干 2h 的碳酸钠(优级纯或基准级)质量为 m,置于 250mL 三角瓶中,加 100mL 水使其完全溶解;然后加入 2~3 滴 0.1% 甲基橙指示剂,记录滴定管中待标定盐酸标准溶液的体积 v_1,用待标定盐酸标准溶液滴定至碳酸钠溶液由黄色变为橙红色;将溶液加热至微沸,并保持微沸 3min,然后放在冷水中冷却至室温,如此时橙红色变为黄色,再用盐酸标准溶液滴定,至溶液出现稳定橙红色时为止,记录滴定管中盐酸标准溶液的体积 v_2。v_1、v_2 的差值即为盐酸标准溶液的消耗量 v。

盐酸标准溶液的摩尔浓度❶按式(5-4)计算。

$$M = \frac{m}{v \times 0.053} \tag{5-4}$$

式中:M——盐酸标准溶液的摩尔浓度(mol/L);

m——称取碳酸钠的质量(g);

v——滴定时盐酸标准溶液的消耗量(mL);

0.053——与 1.00mL 盐酸标准溶液[$c(HCl)$ =1.000mol/L]相当的无水碳酸钠的质量。

四、准备试样

(1)生石灰试样:将生石灰样品打碎,使颗粒不大于 1.18mm。拌和均匀后用四分法缩减至 200g 左右,放入瓷研钵中研细。再经四分法缩减至 20g 左右。研磨所得石灰样品,通过 0.15mm(方孔筛)的筛。从此细样中均匀挑取 10 余克,置于称量瓶中在 105℃烘箱内烘至恒重,储于干燥器中,供实验用。

(2)消石灰试样:将消石灰样品用四分法缩减至 10 余克。如有大颗粒存在,须在瓷研钵中磨细至无不均匀颗粒存在为止。置于称量瓶中在 105℃烘箱内烘至恒重,储于干燥器中,供实验用。

五、实验步骤

(1)称取约 0.5g(用减量法称量,精确至 0.0001g)试样,记录为 m_1,放入干燥的 250mL

---

❶ 该处盐酸标准溶液的浓度相当于 1mol/L 标准溶液浓度的一半左右。

具塞三角瓶中,用5g蔗糖覆盖在试样表面,投入干玻璃珠15粒,迅速加入新煮沸并已冷却的蒸馏水50mL,立即加塞振荡15min(如有试样结块或粘于瓶壁现象,则应重新取样)。

(2)打开瓶塞,用水冲洗瓶塞及瓶壁,加入2~3滴酚酞指示剂,记录滴定管中HCl标准溶液体积v_3,用已标定的约0.5mol/L盐酸标准溶液滴定(滴定速度以2~3滴/s为宜,至溶液的粉红色显著消失并在30s内不再复现即为终点,记录滴定管中盐酸标准溶液的体积v_4。v_3、v_4差值即为盐酸标准溶液的消耗量v_5。

六、计算

按式(5-5)计算有效氧化钙的含量。

$$x = \frac{v_5 \times M \times 0.028}{m_1} \times 100 \tag{5-5}$$

式中:x——有效氧化钙的含量(%);
　　v_5——滴定时消耗盐酸标准溶液的体积(mL);
　0.028——氧化钙毫克当量;
　　m_1——试样质量(g);
　　M——盐酸标准溶液的摩尔浓度(mol/L)。

七、结果整理

对同一石灰样品至少应做两个试样和进行两次测定,并取两次结果的平均值代表最终结果。石灰中氧化钙和有效氧化钙含量在30%以下的允许重复性误差为0.40,30%~50%的为0.50,大于50%的为0.60。

八、报告

实验报告应包括以下内容:
(1)石灰来源。
(2)实验方法名称。
(3)单个实验结果。
(4)实验结果平均值。

九、记录

本实验的记录格式见表5-4。

石灰有效氧化钙测定记录表　　　　表5-4

盐酸标准溶液的摩尔浓度滴定					
碳酸钠质量(g)	滴定管中盐酸量		盐酸标准溶液消耗量v(mL)	摩尔浓度M(mol/L)	平均摩尔浓度$\bar{M}$(mol/L)
	v_1(mL)	v_2(mL)			

续上表

试样编号	石灰质量(g)	滴定管中盐酸量		盐酸标准溶液消耗量 v_5 (mL)	有效氧化钙含量 X (%)
		v_3 (mL)	v_4 (mL)		

石灰的有效氧化钙测定

说明：

原规程中盐酸标准溶液采用当量浓度为单位，此次修订将当量浓度转换为摩尔浓度。当量浓度和摩尔浓度之间的换算关系如下：①对于盐酸滴定过程中的试剂浓度，主要看每个分子中氢离子或氢氧根离子的数量，1mol/L 的盐酸就是 1N 的盐酸，1mol/L 的硫酸就是 2N 的硫酸，同理 1mol/L 的氢氧化钠就是 1N；②对于氧化还原滴定过程中的试剂浓度，要看每个分子在氧化还原反应过程中具体得到或失去的电子数来确定，例如 1mol/L 的重铬酸钾就是 6N（因为每个重铬酸钾分子中有两个铬离子，每个铬离子的价态由 +6 得到 3 个电子）；而硫酸亚铁铵作为还原剂，1mol/L 的就是 1N，因为一个硫酸亚铁铵分子被氧化后失去一个电子。总之，当量浓度的原则是，相同当量浓度的酸、碱试剂（或氧化剂、还原剂）发生反应时消耗的试剂体积相同。

原规程中称此处的盐酸标准溶液为 0.5N 盐酸标准溶液，其称呼是相对于 T 08013—1994 中的 1N 盐酸标准溶液的浓度而言的，而在式(5-4)和式(5-5)中依然用 N 表示该处盐酸溶液的浓度，很容易引起误解。为了和 T 08013—1994 中 1N 盐酸标准溶液区分开，将此处浓度相当于 0.5N 的盐酸标准溶液直接说为盐酸标准溶液，并将原式(5-6)中的 N 改为 M。

本实验是根据石灰活性氧化钙与蔗糖 $C_{12}H_{22}O_{11}$ 化合而成水溶性的蔗糖钙 $CaO·C_{12}H_{22}O_{11}·2H_2O$，而石灰中其他非活性的钙盐则不与蔗糖作用，氧化镁则与蔗糖反应缓慢的原理，应用此不同的反应条件，采用中和滴定法，用已知浓度的盐酸进行滴定（以酚酞为指示剂），达到滴定终点时，按盐酸消耗量计算出有效氧化钙的含量。

分析化学中，在配制和标定盐酸标准溶液时，注意尽量减小操作误差。使用足够量的基准物，以保证测量相对误差不超过许可限度。现在普通分析天平的精度能够达到 0.0001g，滴定管的体积测量绝对误差为 ±0.02mL。所以基准物用量只有大于 0.2g 和 20.00mL，才能保证测量相对误差不大于 ±0.1%。0.4g 碳酸钠用 0.5mol/L 盐酸滴定约消耗 15mL 左右，故将碳酸钠用量改为 0.8000～1.0000g，滴定所需的 0.5mol/L 盐酸溶液约为 30mL。

生石灰打碎，原规程是过 2mm 圆孔筛，现为统一采用标准方孔筛，筛孔为 1.18mm。

该实验的操作关键有以下几条：①取样时，若是消石灰，用四分法缩至 10g 左右研细取得，而不是通过 0.15mm 筛取得；②蔗糖要迅速覆盖试样，以防试样被碳化；③加热蒸馏水是为了排除二氧化碳，故冷却后马上进行下一步操作。另外，在实验检测中要注意石灰的有效氧化钙含量随着其存放时间的增长在减少（尤其是野外露天存放）。

实验九　石灰中氧化镁的测定方法

石灰氧化镁测定方法（T 0812—1994）

一、适用范围

本方法适用于测定各种石灰的总氧化镁含量。

二、仪器设备

(1) 方孔筛：0.15mm，1个。

(2) 烘箱：50～250℃，1台。

(3) 干燥器：ϕ25cm，1个。

(4) 称量瓶：ϕ30mm×50mm，10个。

(5) 瓷研钵：ϕ12～13cm，1个。

(6) 分析天平：量程不小于50g，感量0.0001g，1台。

(7) 电子天平：量程不小于500g，感量0.01g，1台。

(8) 电炉：1500W，1个。

(9) 石棉网：20cm×20cm，1块。

(10) 玻璃珠：ϕ3mm，1袋(0.25kg)。

(11) 具塞三角瓶：250mL，20个。

(12) 漏斗：短颈，3个。

(13) 塑料洗瓶：1个。

(14) 塑料桶：20L，1个。

(15) 下口蒸馏水瓶：5000mL，1个。

(16) 三角瓶：300mL，10个。

(17) 容量瓶：250mL、1000mL，各1个。

(18) 量筒：200mL、100mL、50mL、5mL，各1个。

(19) 试剂瓶：250mL、1000mL，各5个。

(20) 塑料试剂瓶：1L，1个。

(21) 烧杯：50mL，5个；250mL(或300mL)，10个。

(22) 棕色广口瓶：60mL，4个；250mL，5个。

(23) 滴瓶：60mL，3个。

(24) 酸式滴定管：50mL，2支。

(25) 滴定台及滴定管夹：各1套。

(26) 大肚移液管：25mL、50mL，各1支。

(27) 表面皿：7cm，10块。

(28) 玻璃棒：8mm×250mm及4mm×180mm，各10支。

(29)药匙:5个。
(30)吸水管:8mm×150mm,5支。
(31)洗耳球:大、小各1个。

三、试剂

(1)1∶10盐酸:将1体积盐酸(相对密度1.19)以10体积蒸馏水稀释。

(2)氢氧化铵-氯化铵缓冲溶液:将67.5g氯化铵溶于300mL无二氧化碳蒸馏水中,加氢氧化铵(氨水)(相对密度为0.90)570mL,然后用水稀释至1000mL。

(3)酸性铬蓝K-萘酚绿B(1∶2.5)混合指示剂:称取0.3g酸性铬蓝K和0.75g萘酚绿B与50g已在105℃烘干的硝酸钾混合研细,保存于棕色广口瓶中,置于干燥器中备用。

(4)EDTA二钠标准溶液:将10g EDTA二钠溶于40~50℃蒸馏水中,待全部溶解并冷却至室温后,用水稀释至1000mL。

(5)氧化钙标准溶液:精确称取1.7848g在105℃烘干(2h)的碳酸钙(优级纯),置于250mL烧杯中,盖上表面皿,从杯嘴缓慢滴加1∶10盐酸100mL,加热溶解,待溶液冷却后,移入1000mL的容量瓶中,用新煮沸冷却后的蒸馏水稀释至刻度摇匀。此溶液每毫升的Ca^{2+}含量相当于1mg氧化钙的Ca^{2+}含量。

(6)20%的氢氧化钠溶液:将20g氢氧化钠溶于蒸馏水中,定容至100mL。

(7)钙指示剂:将0.2g钙试剂羧酸钠和20g已在105℃烘干的硫酸钾混合研细,保存在棕色广口瓶中,置于干燥器中备用。

(8)10%酒石酸钾钠溶液:将10g酒石酸钾钠溶于蒸馏水中,定容至100mL。

(9)三乙醇胺(1∶2)溶液:将1体积三乙醇胺以2体积蒸馏水稀释,摇匀。

四、EDTA二钠标准溶液与氧化钙和氧化镁关系的标定

(1)准确吸取$v_1=50$mL氧化钙标准溶液放于300mL三角瓶中,用水稀释至100mL左右,然后加入钙指示剂约0.2g,以20%氢氧化钠溶液调整溶液碱度至出现酒红色,再过量加3~4mL,然后以EDTA二钠标准溶液滴定,至溶液由酒红色变成纯蓝色时为止,记录EDTA二钠标准溶液体积v_2。

(2)EDTA二钠标准溶液对氧化钙的滴定度按式(5-6)计算。

$$T_{CaO} = \frac{cv_1}{v_2} \tag{5-6}$$

式中:T_{CaO}——EDTA二钠标准溶液对氧化钙的滴定度,即1mL EDTA二钠标准溶液相当于氧化钙的毫克数;

c——1mL氧化钙标准溶液含有氧化钙的毫克数,等于1;

v_1——吸取氧化钙标准溶液的体积(mL);

v_2——消耗EDTA二钠标准溶液的体积(mL)。

(3)EDTA二钠标准溶液对氧化镁的滴定度(T_{MgO}),即1mL EDTA二钠标准溶液相当于氧化镁的毫克数,按式(5-7)计算。

$$T_{\text{MgO}} = T_{\text{CaO}} \times \frac{40.31}{56.08} = 0.72 T_{\text{CaO}} \tag{5-7}$$

五、准备试样

(1)生石灰试样:将生石灰样品打碎,使颗粒不大于 1.18mm。拌和均匀后用四分法缩减至 200g 左右,放入瓷研钵中研细。再经四分法缩减至 20g 左右。研磨所得石灰样品,通过 0.15mm(方孔筛)的筛。从此细样品中均匀挑取 10 余克,置于称量瓶中在 105℃烘箱内烘至恒重,储于干燥器中,供实验用。

(2)消石灰试样:将消石灰样品用四分法缩减至 10 余克。如有大颗粒存在,须在瓷研钵中磨细至无不均匀颗粒存在为止。置于称量瓶中在 105℃烘箱内烘至恒重,储于干燥器中,供实验用。

六、实验步骤

(1)称取约 0.5g(精确至 0.0001g)石灰试样,并记录试样质量 m,放入 250mL 烧杯中,用水湿润,加 1:10 盐酸 30mL,用表面皿盖住烧杯,加热至微沸,并保持微沸 8~10min。

(2)用水把表面皿洗净,冷却后把烧杯内的沉淀及溶液移入 250mL 容量瓶中,加水至刻度摇匀。

(3)待溶液沉淀后,用移液管吸取 25mL 溶液,放入 250mL 三角瓶中,加 50mL 水稀释后,加酒石酸钾钠溶液 1mL、三乙醇胺溶液 5mL,再加入氨—铵缓冲溶液 10mL(此时待测溶液的 pH =10)、酸性铬蓝 K-萘酚绿 B 指示剂约 0.1g。记录滴定管中初始 EDTA 二钠标准溶液体积 v_5,用 EDTA 二钠标准溶液滴定,至溶液由酒红色变为纯蓝色时即为终点,记录滴定管中 EDTA 二钠标准溶液体积 v_6。v_5、v_6 的差值即为滴定钙镁合量的 EDTA 二钠标准溶液的消耗量 v_3。

(4)再从步骤 2 的容量瓶中,用移液管吸取 25mL 溶液,置于 300mL 三角瓶中,加水 150mL 稀释后,加三乙醇胺溶液 5mL 及 20%氢氧化钠溶液 5mL(此时待测溶液的 pH =12),放入约 0.2g 钙指示剂;记录滴定管中初始 EDTA 二钠标准溶液体积 v_7,用 EDTA 二钠标准溶液滴定,至溶液由酒红色变为纯蓝色时即为终点,记录滴定管中 EDTA 二钠标准溶液体积 v_8。v_7、v_8 的差值即为滴定钙的 EDTA 二钠标准溶液的消耗量 v_4。

七、计算

氧化镁的含量按式(5-8)计算。

$$x = \frac{T_{\text{MgO}}(v_3 - v_4) \times 10}{m \times 1000} \times 100 \tag{5-8}$$

式中:x——氧化镁的含量(%);

T_{MgO}——EDTA 二钠标准溶液对氧化镁的滴定度;

v_3——滴定钙镁合量消耗 EDTA 二钠标准溶液的体积(mL);

v_4——滴定钙消耗 EDTA 二钠标准溶液的体积(mL);

10——总溶液对分取溶液的体积倍数；

m——试样质量(g)。

八、结果整理

对同一石灰样品至少应做两个试样和进行两次测定，读数精确至 0.1 mL。取两次测定结果平均值代表最终结果。

九、报告

实验报告应包括以下内容：
(1)石灰来源。
(2)实验方法名称。
(3)单个实验结果。
(4)实验结果平均值。

十、记录

本实验的记录格式见表 5-5。

石灰氧化镁测定记录表　　　　　　　　　　　　　表 5-5

试样编号		1	2
试样质量(g)			
氧化钙溶液的体积 v_1(mL)			
EDTA 二钠标准溶液消耗量 v_2(mL)			
EDTA 二钠标准溶液对 CaO 的滴定度 T_{CaO}			
EDTA 二钠标准溶液对 MgO 的滴定度 T_{MgO}			
石灰试样质量 m(g)			
EDTA 二钠标准溶液消耗量(mL)	滴定钙镁合量 v_3	v_5	v_6
	滴定钙 v_4	v_7	v_8
氧化镁含量 x(%)			

说明：

在原规程(T 08012—1994)中，加入钙指示剂为 0.1 g，用于调节溶液的颜色。实验表明，加入 0.1 g 的钙指示剂后，溶液的颜色较浅，不够显著。为了提高滴定精度，此次修订将钙指示剂的用量调整为 0.2 g。基于同样的原因，将实验步骤中的钙指示剂用量也调整为 0.2 g。

该实验是利用 EDTA 在 pH = 10 左右的溶液中能与钙镁完全络合的原理，测出钙、镁总含量，再利用 EDTA 在 pH≥12 的溶液中只与钙离子络合的原理，测出钙含量，两者之差即为镁的含量。

一般来说,氧化镁的含量比氧化钙低,v_3、v_4 的差值(即滴定终点)很难控制,并且 v_3、v_4 的差值直接影响到氧化镁的含量,因此在实验中应严格做好各步操作。用万分之一天平称取石灰试样时宜用减量法。用 EDTA 二钠标准溶液滴定时,v_3 或 v_4 的滴定速度宜为 2~3 滴/s,不宜过快,滴定 v_3 或 v_4 时,有时溶液会由原来的酒红色变蓝色后又复现酒红色,因没有达到滴定终点,此时应继续滴定。其原因是溶液局部浓度过大,造成在未到滴定终点时,指示剂变蓝色,在不到 30s 内又恢复酒红色。此时应放慢速度,逐滴滴加,并不断摇动三角瓶,使反应充分,仔细观察由红变蓝的瞬间,使反应进行到底,蓝色稳定后再读取 v_3、v_4 的值。

实验十 灰剂量测定

水泥或石灰稳定材料中水泥或石灰剂量测定(T 0809—2009)
(EDTA 滴定法)

一、适用范围

(1)本方法适用于在工地快速测定水泥和石灰稳定材料中水泥和石灰的剂量,并可用于检查现场拌和和摊铺的均匀性。

(2)本办法适用于在水泥终凝之前的水泥含量测定,现场土样的石灰剂量应在路拌后尽快测试,否则需要用相应龄期的 EDTA 二钠标准溶液消耗量的标准曲线确定。

(3)本办法也可以用来测定水泥和石灰综合稳定材料中结合料的剂量。

二、仪器设备

(1)酸式滴定管:50mL,1 支。
(2)滴定台:1 个。
(3)滴定管夹:1 个。
(4)大肚移液管:10mL、50mL,10 支。
(5)锥形瓶(即三角瓶):200mL,20 个。
(6)烧杯:2000mL(或 1000mL),1 只;300mL,10 只。
(7)容量瓶:1000mL,1 个。
(8)搪瓷杯:容量大于 1200mL,10 只。
(9)不锈钢棒(或粗玻璃棒):10 根。
(10)量筒:100mL 和 5mL,各 1 只;50mL,2 只。
(11)棕色广口瓶:60mL,1 只(装钙红指示剂)。
(12)电子天平:量程不小于 1500g,感量 0.01g。
(13)秒表:1 只。
(14)表面皿:ϕ9cm,10 个。
(15)研钵:ϕ12~13cm,1 个。

(16)洗耳球:1个。

(17)精密试纸:pH 12~14。

(18)聚乙烯桶:20L(装蒸馏水和氯化铵及EDTA二钠标准溶液),3个;5L(装氢氧化钠),1个;5L(大口桶),10个。

(19)毛刷、去污粉、吸水管、塑料勺、特种铅笔、厘米纸。

(20)洗瓶(塑料):500mL,1只。

三、试剂

(1)0.1mol/m³ 乙二胺四乙酸二钠(EDTA二钠)标准溶液(简称EDTA二钠标准溶液):准确称取EDTA二钠(分析纯)37.23g,用40~50℃的无二氧化碳蒸馏水溶解,待全部溶解并冷却至室温后,定容至1000mL。

(2)10%氯化铵(NH_4Cl)溶液:将500g氯化铵(分析纯或化学纯)放在10L的聚乙烯桶内,加蒸馏水4500mL,充分振荡,使氯化铵完全溶解。也可以分批在1000mL的烧杯内配制,然后倒入塑料桶内摇匀。

(3)1.8%氢氧化钠(内含三乙醇胺)溶液:用电子天平称18g氢氧化钠(NaOH)(分析纯),放入洁净干燥的1000mL烧杯中,加1000mL蒸馏水使其全部溶解,待溶液冷却至室温后,加入2mL三乙醇胺(分析纯),搅拌均匀后储于塑料桶中。

(4)钙红指示剂:将0.2g钙试剂羧酸钠(分子式为$C_{21}H_{13}N_2NaO_7S$,分子量460.39)与20g预先在105℃烘箱中烘1h的硫酸钾混合。一起放入研钵中,研成极细粉末,储于棕色广口瓶中,置于干燥器中备用,以防吸潮。

四、准备标准曲线

(1)取样:取工地用石灰和土,风干后用烘干法测其含水量(如为水泥,可假定含水量为0)。

(2)混合料组成的计算:

①公式:

干料质量 = 湿料质量/(1+含水量)

②计算步骤:

a. 干混合料质量 = 湿混合料质量/(1+最佳含水量)

b. 干土质量 = 干混合料质量/(1+石灰或水泥剂量)

c. 干石灰或水泥质量 = 干混合料质量 - 干土质量

d. 湿土质量 = 干土质量×(1+土的风干含水量)

e. 湿石灰质量 = 干石灰质量×(1+石灰的风干含水量)

f. 石灰土中应加入的水 = 湿混合料质量 - 湿土质量 - 湿石灰质量

(3)准备5种试样,每种两个样品(以水泥稳定材料为例),如为水泥稳定中、粗粒土,每个样品取1000g左右(如为细粒土,则可称取300g左右)准备实验。为了减少中、粗粒土的离散,宜按设计级配单份掺配的方式备料。

5种混合料的水泥剂量应为:水泥剂量为0、最佳水泥剂量左右、最佳水泥剂量±2%和

±4%❶,每种剂量取 2 个(为湿质量)试样,共 10 个试样,并分别放在 10 个大口聚乙烯桶内(如为稳定细粒土,可用搪瓷杯或 1000mL 具塞三角瓶;如为粗粒土,可用 5L 的大口聚乙烯桶)。土的含水量应等于工地预期达到的最佳含水量,土中所加的水应与工地所用的水相同。

(4)取一个盛有试样的称样器,在称样器内加入两倍试样质量(湿料质量)体积的 10%氯化铵溶液(如湿料质量为 300g,则氯化铵溶液为 600mL;如湿料质量为 1000g,则氯化铵溶液为 2000mL)。试样为 300g,则搅拌 3min(110~120 次/min);试样为 1000g,则搅拌 5min。如用 1000mL 具塞三角瓶,则手握三角瓶(瓶口向上)用力振荡 3min(120 次±5 次/min),以代替搅拌棒搅拌。放置沉淀 10min❷,然后将上部清液转移至 300mL 烧杯中,搅匀,加盖表面皿,待测。

(5)用移液管移取上层(液面上 1~2cm)悬浮液 10.0mL 放入 200mL 的三角瓶内,用量筒量取 1.8% 氢氧化钠(内含三乙醇胺)溶液 50mL 倒入三角瓶中,此时溶液 pH 值为 12.5~13.0(可用 pH 12~14 精密试纸检验),然后加入钙红指示剂(质量约为 0.2g),摇匀,溶液呈玫瑰红色。记录滴定管中 EDTA 二钠标准溶液的体积 v_1,然后用 EDTA 二钠标准溶液滴定,边滴定边摇匀,并仔细观察溶液的颜色;在溶液颜色变为紫色时,放慢滴定速度,并摇匀;直到纯蓝色为终点,记录滴定管中 EDTA 二钠标准溶液体积 v_2(以 mL 计,读至 0.1mL)。计算 $v_2 - v_1$,即为 EDTA 二钠标准溶液的消耗量。

(6)对其他几个盛样器中的试样,用同样的方法进行实验,并记录各自的 EDTA 二钠标准溶液的消耗量。

(7)以同一水泥或石灰剂量稳定材料 EDTA 二钠标准溶液消耗量(mL)的平均值为纵坐标,以水泥或石灰剂量(%)为横坐标制图。两者的关系应是一根顺滑的曲线,如图 5-2 所示。如素土、水泥或石灰改变,必须重做标准曲线。

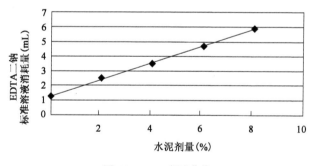

图 5-2 EDTA 标准曲线

五、实验步骤

(1)选取有代表性的无机结合料稳定材料,对稳定中、粗粒土取试样约 3000g,对稳定细

---

❶ 在此,准备标准曲线的水泥剂量可为 0、2%、4%、6%、8%。如水泥剂量较高或较低,应保证工地实际所用水泥或石灰的剂量位于标准曲线剂量范围的中部。

❷ 如 10min 后得到的是浑浊悬浮液,则应增加放置沉淀时间,直到出现无明显悬浮颗粒的悬浮液为止,并记录所需的时间。以后所有该种水泥(或石灰)稳定材料的实验,均应以同一时间为准。

粒土取试样约1000g。

（2）对水泥或石灰稳定细粒土，称300g放在搪瓷杯中，用搅拌棒将结块搅散，加10%氯化铵溶液600mL；对水泥或石灰稳定中、粗粒土，可直接称取1000g左右，放入10%氯化铵溶液2000mL，然后如前述步骤进行实验。

（3）利用所绘制的标准曲线，根据EDTA二钠标准溶液消耗量，确定混合料中的水泥或石灰剂量。

六、结果整理

本实验应进行两次平行测定，取算术平均值，精确至0.1mL。允许重复性误差不得大于均值的5%，否则，重新进行实验。

七、报告

实验报告应包括以下内容：
(1)无机结合料稳定材料名称。
(2)实验方法名称。
(3)实验数量 n。
(4)实验结果极小值和极大值。
(5)实验结果平均值 $\overline{X}$。
(6)实验结果标准差 S。
(7)实验结果变异系数 C_v。

八、记录

本实验的记录格式见表5-6。

水泥或石灰剂量测定记录表　　　　表5-6

工程名称：　　　　　　　　　　　实验方法：
结构层名称：　　　　　　　　　　实验者：
稳定剂种类：　　　　　　　　　　校核者：
试样编号：　　　　　　　　　　　实验日期：

平行试样	标准曲线绘制						平均EDTA标准溶液消耗量(mL)
	1			2			
剂量	v_1(mL)	v_2(mL)	EDTA二钠标准溶液消耗量(mL)	v_1(mL)	v_2(mL)	EDTA二钠标准溶液消耗量(mL)	

续上表

标准曲线绘制							
平行试样	1			2			平均 EDTA 标准溶液消耗量(mL)
剂量	v_1(mL)	v_2(mL)	EDTA 二钠标准溶液消耗量(mL)	v_1(mL)	v_2(mL)	EDTA 二钠标准溶液消耗量(mL)	
标准曲线公式							
试样测定							
试样编号	v_1(mL)		v_2(mL)		EDTA 二钠标准溶液消耗量(mL)	平均 EDTA 二钠标准溶液消耗量(mL)	结合料剂量(%)
1							
2							

说明：

本方法来源于 T 0809—1994。

EDTA 滴定法的化学原理是：先用 10% 的氯化铵弱酸溶液溶出水泥稳定材料中的 Ca^{2+}，然后用 EDTA 二钠标准溶液夺取 Ca^{2+}，EDTA 二钠标准溶液的消耗量与相应的水泥剂量(水泥剂量正比于 Ca^{2+} 的数量)存在近似线性关系。

尽管氯化铵的标装为一瓶 500g，但在使用过程中氯化铵必须用电子秤称量，不可用一瓶就当作 500g 使用。如工地实际水泥剂量较大，则素集料和低剂量水泥的试样可以不做实验，而直接用较高的剂量实验，但应有两种剂量大于实际剂量和两种剂量小于实际剂量。配制的氯化铵溶液最好当天用完，不要放置过久，以免影响实验的精度。如素土、水泥或石灰较长时间没有改变，应在每天实验前，增加 1~2 点对标准曲线进行验证，以减少原材料的离散对实验结果的影响。

应控制好滴定的各环节。在 EDTA 滴定过程中，溶液的颜色有明显的变化过程，从玫瑰红色变为紫色，并最终变为蓝色。因此要把握好滴定的临界点，切不可直接将溶液滴到纯蓝色，因为在滴定过量时，溶液的颜色也始终保持为纯蓝色，因此如果没有经过临界点，则可能已经过量很多。一般来说，在溶液颜色变为紫色后，如水泥剂量较低，1~2 滴就能彻底变蓝；如水泥剂量较高，可能需要再多些。因此，此时的滴定速度务必放慢，逐滴滴入，并保持摇匀，以免滴定过量。

原规程中规定钙红指示剂为黄豆粒大小，在实验过程中不好把握，因此此次修订给以定量表示。钙红指示剂的作用是用来调节溶液的颜色，如果用量太少，颜色的变化不显著，容易滴定过量；如果用量太多，就会使变蓝的溶液在搁置较长一段时间后又显现出紫色。关于钙红指示剂的用量，有经验的工作者可根据经验确定，关键是把握滴定过程中溶液颜色变化的规律。

在原规程中,为了减少做标准曲线实验时取样的离散,将原材料过2~2.5mm筛后,再进行配料,每份取300g湿混合料进行标准曲线实验;而在现场测试中,则直接选取有代表性的水泥土或石灰土混合料,称取300g进行滴定实验,导致室内的标准曲线实验和现场取样的滴定实验有明显的差别。为了消除现场取样实验和室内标准曲线取样的差别,本次修订要求将室内标准曲线制作的湿混合料采用单份掺配后进行实验,同时为了减少配料过程中的离散,对粗集料基层(最大粒径在25mm左右)必须有1000g左右的总质量,放入体积(mL)是湿料质量(g)两倍的氯化铵溶液进行拌和,然后取样进行滴定。实验表明,采用该种实验方法制作标准曲线和现场取样差别最小,可最大限度减少室内实验取样的离散。但采用该方法以后氯化铵溶液的用量将显著增加,同时为了达到拌和的均匀性,需增加搅拌时间和搅拌力度。

原规程中规定,EDTA 滴定法用于稳定材料龄期在7d 以内的水泥和石灰含量测定。工程实践证明,对水泥和石灰土,在不同龄期测出的灰剂量都在下降。图5-3 为一组水泥稳定材料的 EDTA 滴定量与龄期的关系图。随着龄期的增长,石灰稳定材料和水泥稳定材料中的一部分钙离子已经与土中的矿物发生反应,生成新的化合物,因此游离钙离子减少,用初始的 EDTA 二钠标准溶液消耗量的标准曲线确定的灰剂量必然下降。正确的做法是,在不同的龄期应该用不同的 EDTA 二钠标准溶液的标准曲线,只有这样才能在不同龄期都能测出实际的灰剂量。因此,现场土样灰剂量应在路拌后尽快测试,否则即使龄期不超过7d 也需要用相应龄期的 EDTA 二钠标准溶液消耗量的标准曲线确定。对水泥稳定材料超出终凝时间(12h 以后)所测定的水泥剂量,需作出相应的龄期校正。

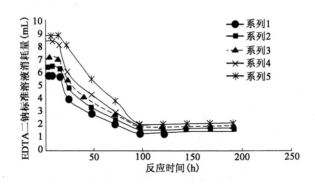

图5-3 反应龄期与 EDTA 二钠标准溶液耗量的关系

注:系列1、系列2、系列3、系列4、系列5 分别为水泥剂量是4.0%、4.5%、5.0%、5.5%、6.0%时混合料拌和后水泥剂量随时间变化的曲线。

EDTA 滴定法的龄期效应曲线与素集料、水泥剂量、水泥品质、稳定层压实度、养护、温度等因素有关,应按工地具体使用的材料和配合比,通过实验,制备好龄期效应标准曲线,为实际检测工作提供依据。水泥稳定材料的龄期修正以小时计;石灰及二灰修正以天计。水泥剂量测定时间不宜超过终凝;石灰剂量测定时间不宜超过火山灰反应开始时间,一般为7d。

实验十一　粉煤灰成分的测定

粉煤灰二氧化硅、氧化铁和氧化铝含量测定方法(T 0816—2009)

一、适用范围

本方法适用于测定粉煤灰中二氧化硅、氧化铝和氧化铁的含量。

二、仪器设备

(1)分析天平:不应低于四级,量程不小于100g,感量0.0001g。
(2)氧化铝、铂、瓷坩埚:带盖,容量15~30mL。
(3)瓷蒸发皿:容量50~100mL。
(4)马弗炉:隔焰加热炉,在炉膛外围进行电阻加热。应使用温度控制器,准确控制炉温,并定期进行校验。
(5)玻璃容量器皿:滴定管、容量瓶、移液管。
(6)玻璃棒。
(7)沸水浴。
(8)玻璃三角架。
(9)干燥器。
(10)分光光度计:可在400~700nm范围内测定溶液的吸光度,带有10mm,20mm比色皿。
(11)研钵:玛瑙研钵。
(12)精密pH试纸:酸性。

三、试样准备

分析过程中,只使用蒸馏水或同等纯度的水;所用试剂应为分析纯或优级纯试剂。用于标定与配制标准溶液的试剂,除另有说明外,均应为基准试剂。

除另有说明外,%表示质量分数。本规程中使用的市售浓液体试剂具有下列密度 ρ(20℃,单位 g/cm^3 或%):

盐酸(HCl):1.18~1.19 g/cm^3 或36%~38%;

氢氟酸(HF):1.13 g/cm^3 或40%;

硝酸(HNO_3):1.39~1.41 g/cm^3 或65%~68%;

硫酸(H_2SO_4):1.84 g/cm^3 或95%~98%;

氨水($NH_3 \cdot H_2O$):0.90~0.91g/cm^3 或25%~28%。

在化学分析中,所有酸或氨水,凡未注浓度者均指市售的浓度或浓氨水。用体积比表示试剂稀释程度❶。

---

❶ 盐酸(1+2)表示1体积的浓盐酸与2体积的水相混合。

(1)盐酸:(1+1);(1+2);(1+4);(1+11);(3+97)。

(2)硝酸:(1+9)。

(3)硫酸:(1+4);(1+1)。

(4)氨水:(1+1);(1+2)。

(5)硝酸银溶液(5g/L):将5g 硝酸银($AgNO_3$)溶于水中,加10mL 硝酸(HNO_3),用水稀释至1L。

(6)氯化铵:(NH_4Cl)。

(7)无水乙醇:(C_2H_5OH):体积分数不低于99.5%;乙醇,体积分数95%;乙醇(1+4)。

(8)无水碳酸钠(Na_2CO_3):将无水碳酸钠用玛瑙研钵研细至粉末状保存。

(9)1-(2-吡啶偶氮)-2-萘酚(PAN)指示剂溶液:将0.2g PAN 溶于100mL 体积分数为95%的乙醇中。

(10)钼酸铵溶液(50g/L):将5g 钼酸铵[$(NH_4)_6Mo_7O_{24} \cdot 4H_2O$]溶于水中,加水稀释至100mL,过滤后储存于塑料瓶中。此溶液可保存约一周。

(11)抗坏血酸溶液(5g/L):将0.5g 抗坏血酸(V.C)溶于100mL 水中,过滤后使用,用时现配。

(12)氢氧化钾溶液(200g/L):将200g 氢氧化钾(KOH)溶于水中,加水稀释至1L,储存于塑料瓶中。

(13)焦硫酸钾($K_2S_2O_7$):将市售焦硫酸钾在瓷蒸发皿中加热熔化,待气泡停止发生后,冷却、砸碎,储存于磨口瓶中。

(14)钙黄绿素-甲基百里香酚蓝-酚酞混合指示剂溶液(简称 CMP 混合指示剂):称取1.000g 钙黄绿素、1.000g 甲基百里香酚蓝、0.200g 酚酞与50g 已在105℃烘干的硝酸钾(KNO_3)混合研细,保存在磨口瓶中。

(15)碳酸钙标准溶液[$c(CaCO_3) = 0.024mol/L$]:

称取0.6g(m_1)已于105~110℃烘过2h 的碳酸钙($CaCO_3$),精确至0.0001g,置于400mL 烧杯中,加入约100mL 水,盖上表面皿,沿杯口滴加盐酸(1+1)至碳酸钙全部溶解,加热煮沸数分钟;将溶液冷却至室温,移入250mL 容量瓶中,用水稀释至标线,摇匀。

(16)EDTA 二钠标准溶液[$c(EDTA) = 0.015mol/L$]:

①标准滴定溶液的配制

称取 EDTA 二钠(乙二胺四乙酸二钠盐)5.6g 置于烧杯中,加水约200mL,加热溶解,过滤,用水稀释至1L。

②EDTA 二钠标准溶液浓度的标定

吸取25.00mL 碳酸钙标准溶液(见三、15)置于400mL 烧杯中,加水稀释至约200mL,加入适量的 CMP 混合指示剂(见三、14),在搅拌下加入氢氧化钾溶液至出现绿色荧光后再过量滴加2~3mL,以 EDTA 二钠标准溶液滴定至绿色荧光消失并呈现红色。

EDTA 二钠标准溶液的浓度按式(5-9)计算。

$$c(EDTA) = \frac{m_1 \times 25 \times 1000}{250 \times v_4 \times 100.09} = \frac{m_1}{v_4} \times \frac{1}{1.0009} \quad (5\text{-}9)$$

式中：$c(EDTA)$——EDTA 二钠标准溶液的浓度（mol/L）；

v_4——滴定时消耗 EDTA 二钠标准溶液的体积（mL）；

m_1——配制碳酸钙标准溶液的碳酸钙的质量（g）；

100.09——$CaCO_3$ 的摩尔质量（g/mol）。

③EDTA 二钠标准溶液对各氧化物滴定度的计算

EDTA 二钠标准溶液对三氧化二铁、三氧化二铝、氧化钙、氧化镁的滴定度分别按式(5-10)~式(5-13)计算。

$$T_{Fe_2O_3} = c(EDTA) \times 79.84 \tag{5-10}$$

$$T_{Al_2O_3} = c(EDTA) \times 50.98 \tag{5-11}$$

$$T_{CaO} = c(EDTA) \times 56.08 \tag{5-12}$$

$$T_{MgO} = c(EDTA) \times 40.31 \tag{5-13}$$

式中：$T_{Fe_2O_3}$——每毫升 EDTA 二钠标准溶液相当于三氧化二铁的毫克数（mg/mL）；

$T_{Al_2O_3}$——每毫升 EDTA 二钠标准溶液相当于三氧化二铝的毫克数（mg/mL）；

T_{CaO}——每毫升 EDTA 二钠标准溶液相当于氧化钙的毫克数（mg/mL）；

T_{MgO}——每毫升 EDTA 二钠标准溶液相当于氧化镁的毫克数（mg/mL）；

$c(EDTA)$——EDTA 二钠标准溶液的浓度（mol/L）；

79.84——$(1/2Fe_2O_3)$ 的摩尔质量（g/mol）；

50.98——$(1/2Al_2O_3)$ 的摩尔质量（g/mol）；

56.08——CaO 的摩尔质量（g/mol）；

40.31——MgO 的摩尔质量（g/mol）。

(17) pH 4.3 的缓冲溶液：将 42.3g 无水乙酸钠（CH_3COONa）溶于水中，加 80mL 冰乙酸（CH_3COOH），用水稀释至 1L，摇匀。

(18) 硫酸铜标准溶液 $[c(CuSO_4) = 0.015mol/L]$：

①标准溶液的配制

将 3.7g 硫酸铜（$CuSO_4 \cdot 5H_2O$）溶于水中，加 4~5 滴硫酸（1+1），用水稀释至 1L，摇匀。

②EDTA 二钠标准溶液与硫酸铜标准溶液体积比的标定

从滴定管缓慢放出 $[c(EDTA) = 0.015mol/L]$ EDTA 二钠标准溶液 10~15mL [见三、(16)]于 400mL 烧杯中，用水稀释至约 150mL，加 15mL pH4.3 的缓冲溶液[见三、(17)]，加热至沸，取下稍冷，加 5~6 滴 PAN 指示剂溶液[见三、(9)]，以硫酸铜标准溶液滴定至亮紫色即为终点。

EDTA 二钠标准溶液与硫酸铜标准溶液的体积比按式(5-14)计算。

$$k_2 = \frac{v_5}{v_6} \tag{5-14}$$

式中：k_2——每毫升硫酸铜标准溶液相当于 EDTA 二钠标准溶液的毫升数；

v_5——EDTA 二钠标准溶液的体积（mL）；

v_6——滴定时消耗硫酸铜标准溶液的体积（mL）。

(19) EDTA-Cu 溶液:

按[c(EDTA) = 0.015mol/L]EDTA 二钠标准溶液[见三、(16)]与[c(CuSO$_4$) = 0.015mol/L]硫酸铜标准溶液的体积比,标准配制成等浓度的混合溶液。

(20) 溴酚蓝指示剂溶液:将 0.2g 溴酚蓝溶于 100mL 乙醇(1+4)中。

(21) 磺基水杨酸钠指示剂溶液:将 10g 磺基水杨酸钠溶于水中,加水稀释至 100mL。

(22) pH 3 的缓冲溶液:将 3.2g 无水乙酸钠(CH_3COONa)溶于水中,加 120mL 冰乙酸(CH_3COOH),用水稀释至 1L,摇匀。

(23) 二氧化硅(SiO_2)标准溶液:

①标准溶液的配制

称取 0.2000g 经 1000~1100℃ 灼烧 30min 以上的二氧化硅,精确至 0.0001g,置于铂坩埚中,加入 2g 无水碳酸钠,搅拌均匀,在 1000~1100℃ 高温下熔融 15min。冷却,用热水将熔块浸出于盛有热水 300mL 的塑料杯中,待全部溶解后冷却至室温,移入 1000mL 容量瓶中,用水稀释至标线,摇匀,移入塑料瓶中保存。此标准溶液每毫升含有 0.2mg 二氧化硅。

吸取 10.00mL 上述标准溶液于 100mL 容量瓶中,用水稀释至标线,摇匀,移入塑料瓶中保存。此标准溶液每毫升含有 0.02mg 二氧化硅。

②工作曲线的绘制

吸取每毫升含有 0.02mg 二氧化硅的标准溶液 0、2.00mL、4.00mL、5.00mL、6.00mL、8.00mL、10.00mL 分别放入 100mL 容量瓶中,加水稀释至约 40mL,一次加入 5mL 盐酸(1+11)、8mL 体积分数为 95% 的乙醇、6mL 钼酸铵溶液。放置 30min 后,加入 20mL 盐酸(1+1)、5mL 抗坏血酸溶液,用水稀释至标线,摇匀。放置 1h 后,使用分光光度计、10mm 比色皿,以水作参比,于 660nm 处测定溶液的吸光度。用测得的吸光度作为相对应的二氧化硅含量的函数,绘制工作曲线。

四、实验准备

1. 灼烧

将滤纸和沉淀物放入已灼烧并恒重的坩埚中,烘干。在氧化性气氛中慢慢灰化,不使其产生火焰,灰化至无黑色炭颗粒后,放入马福炉中,在规定的温度 950~1000℃ 下灼烧。在干燥器中冷却至室温,称量。

2. 检查 Cl^- 离子(硝酸银检验)

按规定洗涤沉淀数次后,用数滴水淋洗漏斗的下端,用数毫升水洗涤滤纸和沉淀,将滤液收集在试管中,加几滴硝酸银溶液,观测试管中溶液是否浑浊,继续洗涤并定期检查,直至滴加硝酸银检验不再浑浊为止。

3. 恒量

经第一次灼烧、冷却、称量后,通过连续每次 15min 的灼烧,然后用冷却、称量的方法来检查质量是否恒定。当连续两次质量之差小于 0.0005g 时,即达到恒重。

五、实验步骤

1. 二氧化硅的测定(碳酸钠烧结,氯化铵质量法)

实验以无水碳酸钠烧结,盐酸溶解,加固体氯化铵于沸水浴上加热蒸发,使硅酸凝聚(经过滤灼烧后称量)。用氢氟酸处理后,失去的质量即为胶凝性二氧化硅的质量,加上从滤液中比色回收的可溶性二氧化硅的质量即为二氧化硅的总质量。

(1) 胶凝性二氧化硅的测定

① 称取约 0.5g 试样(m_1),精确至 0.0001g,置于铂坩埚中,将盖斜置于坩埚上,在 950~1000℃下灼烧 5min,冷却。用玻璃棒仔细压碎块状物,加入 0.3g±0.01g 无水碳酸钠[见三、(8)]混匀,再将坩埚置于 950~1000℃下灼烧 10min,放冷。

② 将烧结块移入瓷蒸发皿中,加少量水润湿,用平头玻璃棒压碎块状物,盖上表面皿,从皿口滴入 5mL 盐酸及 2~3 滴硝酸,待反应停止后取下表面皿,用平头玻璃棒压碎块状物使其分解完全,用热盐酸(1+1)清洗坩埚数次,洗液合并于蒸发皿中。将蒸发皿置于沸水浴上,皿下放一玻璃三角架,再盖上表面皿。蒸发至糊状后,加入 1g 氯化铵,充分搅匀,在蒸汽水浴上蒸发至干后继续蒸发 10~15min,蒸发期间用平头玻璃棒仔细搅拌并压碎大颗粒。

③ 取下蒸发皿,加入 10~20mL 热盐酸(3+97),搅拌使可溶性盐类溶解。用中速滤纸过滤,用胶头擦棒擦洗玻璃棒及蒸发皿,用热盐酸(3+97)洗涤沉淀 3~4 次,然后用热水充分洗涤沉淀,直至检验无氯离子为止[见四、(2)]。滤液及洗液保存在 250mL 容量瓶中。

④ 将沉淀连同滤纸一并移入铂坩埚中,将盖斜置于坩埚上,在电炉上干燥灰化完全后放入 950~1000℃的马弗炉内灼烧[见四、(1)]1h,取出坩埚置于干燥器中冷却至室温,称量。反复灼烧,直至恒重(m_2)。

⑤ 向坩埚中加数滴水润湿沉淀,加 3 滴硫酸(1+4)和 10mL 氢氟酸,放入通风橱内电热板上缓慢蒸发至干,升高温度继续加热至三氧化硫白烟完全逸尽。将坩埚放入 950~1000℃的马弗炉内灼烧 30min,取出坩埚置于干燥器中冷却至室温,称量。反复灼烧,直至恒重(m_3)。

(2) 经氢氟酸处理后的残渣的分解

向按方法[五、1.(1)]经过氢氟酸处理后得到的残渣中加入 0.5g 焦硫酸钾(见三、13)熔融,熔块用热水和数滴盐酸(1+1)溶解,溶液并入按方法[五、1.(1)]分离二氧化硅后得到的滤液和洗液中,用蒸馏水稀释至标线,摇匀。此溶液 A 供测定滤液中残留的可溶性二氧化硅[五、1.(3)]、三氧化二铁(五、2)、三氧化二铝(五、3)用。

(3) 可溶性二氧化硅的测定(硅钼蓝光度法)

从溶液 A 中吸取 25.00mL 溶液放入 100mL 容量瓶中。用水稀释至 40mL,依次加入 5mL 盐酸(1+11)、8mL 95%(v/v)乙醇、6mL 钼酸铵溶液,放置 30min 后加入 20mL 盐酸(1+1)、5mL 抗坏血酸溶液,用水稀释至标线,摇匀。放置 1h 后,使用分光光度计、10mm 比色皿,以水作参比溶液,于 660nm 处测定溶液的吸光度。在已绘制的工作曲线上[三、(23)②]查出二氧化硅的质量 m_4。

(4) 计算

胶凝性二氧化硅的含量按式(5-15)计算。

$$x_{胶凝性SiO_2} = \frac{m_2 - m_3}{m_1} \times 100 \tag{5-15}$$

式中:$x_{胶凝性SiO_2}$——胶凝性二氧化硅的含量(%);

m_2——灼烧后未经氢氟酸处理的沉淀及坩埚的质量(g);

m_3——用氢氟酸处理并经灼烧后的残渣及坩埚的质量(g);

m_1——试样的质量(g)。

可溶性二氧化硅的含量按式(5-16)计算。

$$x_{可溶性SiO_2} = \frac{m_4 \times 250}{m_1 \times 25 \times 1000} \times 100 = \frac{m_4}{m_1} \tag{5-16}$$

式中：$x_{可溶性SiO_2}$——可溶性二氧化硅的含量(%)；

m_4——按该法测定的100mL溶液中所含的二氧化硅的质量(mg)；

m_1——本方法[五、1.(1)]中试料的质量(g)。

(5)结果表示

SiO_2总含量按式(5-17)计算。

$$x_{总SiO_2} = x_{胶凝性SiO_2} + x_{可溶性SiO_2} \tag{5-17}$$

(6)结果整理

平行实验两次，允许重复性误差为0.15%。

2. 三氧化二铁的测定(基准法)

(1)目的和适用范围

在pH 1.8~2.0、温度为60~70℃的溶液中，以磺基水杨酸钠为指示剂，用EDTA二钠标准溶液滴定。

(2)操作流程

从溶液A[五、1.(2)]中吸取25.00mL溶液放入300mL烧杯中，加水稀释至约100mL，用氨水(1+1)和盐酸(1+1)调节溶液pH在1.8~2.0(用精密pH试纸检验)。将溶液加热至70℃，加10滴磺基水杨酸钠指示剂溶液，此时溶液为紫红色。用[c(EDTA) = 0.015mol/L]EDTA二钠标准溶液缓慢地滴定至亮黄色(终点时溶液温度应不低于60℃，如终点前溶液温度降至近60℃时，应再加热至60~70℃)。保留此溶液供测定三氧化二铝用。

(3)计算

按式(5-18)计算三氧化二铁的含量。

$$x_{Fe_2O_3} = \frac{T_{Fe_2O_3} \times v_1 \times 10}{m_1 \times 1000} \times 100 = \frac{T_{Fe_2O_3} \times v_1}{m_1} \tag{5-18}$$

式中：$x_{Fe_2O_3}$——三氧化二铁的含量(%)；

$T_{Fe_2O_3}$——每毫升EDTA二钠标准溶液相当于三氧化二铁的毫克数(mg/mL)；

v_1——滴定时消耗EDTA二钠标准溶液的体积(mL)；

m_1——本方法[五、1.(1)]中试料的质量(g)。

(4)结果整理

平行实验两次，允许重复性误差为0.15%。

3. 三氧化二铝的测定

(1)目的和适用范围

将滴定三氧化二铁后的溶液pH值调整至3，在煮沸状态下用EDTA-铜和PAN为指示剂，用EDTA二钠标准溶液滴定。

(2)操作流程

将测定完三氧化二铁的溶液用水稀释至约200mL，加1~2滴溴酚蓝指示剂溶液，滴加氨水(1+1)至溶液出现蓝紫色,在滴加盐酸(1+1)至黄色,加入 pH 3 的缓冲溶液 15mL,加热至微沸并保持 1min,加入 10 滴 EDTA-铜溶液,及 2~3 滴 PAN 指示剂,用 EDTA 二钠标准溶液[$c(EDTA)=0.015mol/L$]滴定至红色消失,继续煮沸,滴定,直至溶液经煮沸后红色不再出现,呈稳定的亮黄色为止。记下 EDTA 二钠标准溶液消耗量 v_3。

(3)计算

按式(5-19)计算三氧化二铝的含量。

$$x_{Al_2O_3} = \frac{T_{Al_2O_3} \times v_3 \times 10}{m_1 \times 1000} \times 100 = \frac{T_{Al_2O_3} \times v_3}{m_1} \quad (5-19)$$

式中:$x_{Al_2O_3}$——三氧化二铝的含量(%);

$T_{Al_2O_3}$——每毫升 EDTA 二钠标准溶液相当于三氧化二铝的毫克数(mg/mL);

v_3——滴定时消耗 EDTA 二钠标准溶液的体积(mL);

m_1——本方法[五、1.(1)]中试料的质量(g)。

(4)结果整理

平行实验两次,允许重复性误差为 0.20%。

六、报告

实验报告应包括以下内容:

(1)粉煤灰来源。

(2)实验方法名称。

(3)二氧化硅的含量。

(4)三氧化二铁的含量。

(5)三氧化二铝的含量。

说明:

本方法与现行的《水泥化学分析方法》(GB/T 176)中水泥的二氧化硅(基准法)、三氧化二铁(基准法)、三氧化二铝(基准法)含量的实验方法等效。

实验十二 粉煤灰相关成分的测定(氟硅酸钾法)

Ⅰ.试样溶液的制备

一、实验目的

(1)掌握高温电阻炉的使用方法。

(2)掌握用碱熔法制备试样溶液。

二、实验原理

用碱(NaOH)将粉煤灰中的某些成分(如二氧化硅、三氧化二铝等碱性成分)熔解,部分不熔物用强氧化剂 KNO_3 进行氧化熔解,而酸溶性成分再用浓硝酸与盐酸溶解,使试样中的成分比较完全地溶于溶液中,从而进行相关成分的有效测定。

三、仪器与试剂

1. 仪器

分析天平,高温电阻炉,银坩埚,坩埚钳,烧杯,表面皿,小电炉,容量瓶(250ml)。

2. 试剂

(1) NaOH(s)。
(2) 浓盐酸(相对密度1.19)。
(3) 盐酸(1+5):1体积浓盐酸以5体积蒸馏水稀释。
(4) 浓硝酸(相对密度1.42)。
(5) KNO_3(s)。

四、实验步骤

用减量法称取已在105~110℃烘干的粉煤灰试样约0.5g(精确至0.0001g),置于盛有4g NaOH、1g KNO_3的银坩埚中,再用4g NaOH、1g KNO_3覆盖在上面。盖上坩埚盖(留有少许缝隙),放入650℃的高温炉中熔融20~25min(中间将熔融物摇动一次)。取出坩埚,冷却后放入盛有150mL左右热水的烧杯中,盖上表面皿,置于小电炉上加热。熔融物完全浸出后,取出坩埚,用热水冲洗,稍冷,一次加入30mL浓盐酸,再以少量盐酸(1+5)及热水洗净坩埚及盖,加入数滴浓硝酸,并加热至沸,使熔融物完全溶解。溶液冷却至室温后,移入250ml容量瓶中,用水稀释至标线,摇匀。此溶液可供测定Fe、Al、Ca、Mg、SiO_2含量等。

五、注意事项

(1) 试样要先烘干。
(2) 熔融实验过程中要控制好温度,超过规定温度时银坩埚会参与反应。
(3) 从高温炉中取出的银坩埚一定要先冷却,然后再放入热水中,防止有水溅出。
(4) 倒入容量瓶中的溶液一定要先冷却至室温。

Ⅱ. 粉煤灰中SiO_2(氟硅酸钾法)、Fe_2O_3、Al_2O_3、CaO、MgO含量的测定

一、实验目的

(1) 掌握用氟硅酸钾法测定粉煤灰中SiO_2的含量。
(2) 掌握在混合溶液中对Fe^{3+}、Al^{3+}的连续滴定。
(3) 掌握返滴法的操作过程。
(4) 掌握钙、镁含量的测定方法和过程。

二、实验原理

(1) pH=2.0时,用磺基水杨酸钠作指示剂,用直接滴定法测出的Fe_2O_3含量。

(2)pH = 5~6 时,以 PAN 为指示剂,在滴定完 Fe^{3+} 的溶液中用返滴定法测定 Al_2O_3 的含量。

(3)在试样溶液中,用三乙醇胺(1:2)掩蔽溶液中的 Fe^{3+}、Al^{3+},在 pH > 12 时,以 CMP 混合指示剂指示终点,测出 CaO 含量。

(4)在试样溶液中,用三乙醇胺(1:2)、10% 酒石酸钾钠掩蔽溶液中的 Fe^{3+}、Al^{3+},以 K-B 混合指示剂指示终点,测出 Ca^{2+}、Mg^{2+} 总量,算出 MgO 含量。

三、实验内容

(一)SiO_2 的测定

测定方法同第五章实验七:用本方法制备出的试样溶液参照氟硅酸钾法水泥熟料中 SiO_2 的含量测定方法进行测定。

(二)Fe_2O_3 的测定

1. 实验仪器和试剂

(1)实验仪器

移液管(25mL),烧杯(400mL),酸式滴定管(50mL)等。

(2)试剂

①氨水(1:1):浓氨水与同体积水混合。

②10% 磺基水杨酸钠指示剂:10g 磺基水杨酸钠溶于水中配制成 100ml 溶液;

③0.015mol/L EDTA 标准溶液:称取 5.6g EDTA 置于烧杯中,加约 200mL 水,加热溶解,过滤,用水稀释至 1L。

标定方法:吸取 25mL $CaCO_3$ 标准溶液,移入 400mL 烧杯中,用水稀释至约 200mL,加入适量的 CMP 混合指示剂,在搅拌下滴加 20% NaOH 溶液至出现绿色荧光后再过量 5~6mL,以 0.015mol/L EDTA 标准溶液滴定至绿色荧光消失并转化为桔红色为止,根据 EDTA 的体积计算其准确浓度。

2. 实验步骤

吸取 25mL 试样溶液,移入 300mL 烧杯中,用氨水调节 pH 值至 2.0(用精密 pH 试纸检验),将溶液加热至 70℃,加 10 滴磺基水杨酸钠指示剂,以 0.015mol/L EDTA 标准溶液滴定至紫红色消失,溶液视铁的含量而呈现亮黄色或无色。

(三)Al_2O_3 的测定

1. 实验仪器级试剂

(1)实验仪器

移液管(25mL),烧杯(400mL),酸式滴定管(50mL)等。

(2)试剂

①0.015mol/L EDTA 标准溶液:同 Fe_2O_3 的测定。

②0.015mol/L $CuSO_4$ 溶液:将 3.7g $CuSO_4 \cdot 5H_2O$ 溶于水中,加 4~5 滴 H_2SO_4(1:1),用水稀释至 1L,摇匀。

标定:从滴定管缓慢放出 10~15mL 0.015mol/L EDTA 标准溶液于 400mL 烧杯中,用水稀释至200mL,加15mL乙酸-乙酸钠缓冲溶液(pH=4.3),然后加热至沸,取下稍冷,加5~6滴0.2% PAN指示剂,以$CuSO_4$标准溶液滴定至亮紫色。计算$CuSO_4$的准确浓度。

③乙酸-乙酸钠缓冲溶液(pH=4.3):将42.3g乙酸钠溶于水中,加80mL冰乙酸,然后加水稀释至1L,摇匀,用精密pH试纸检验。

④0.2% PAN指示剂:将0.2g PAN溶于100mL水中。

2. 实验步骤

在滴定铁后的溶液中,加入0.015mol/L EDTA溶液30mL,加水稀释至约200mL,将溶液加热至70~80℃后,加入15mL乙酸-乙酸钠缓冲溶液,煮沸1~2min,取下稍冷,加5~6滴PAN指示剂,以0.015mol/L $CuSO_4$标准溶液滴定至亮紫色,即为终点。根据$CuSO_4$溶液的体积计算过量EDTA的量,进而计算出Al_2O_3的百分含量。

(四)CaO的测定

1. 实验仪器及试剂

(1)实验仪器

移液管(25mL),烧杯(400mL),酸式滴定管(50mL)。

(2)实验试剂

①2% 氟化钾溶液:将2g氟化钾($KF \cdot 2H_2O$)溶解于100mL水中,储存在塑料瓶中。

②三乙醇胺(1:2):将1体积三乙醇胺以2体积水稀释。

③20% 氢氧化钾溶液:将20g氢氧化钾溶于水定容至100mL。

④CMP混合指示剂:准确称取1g钙黄绿素、1g甲基百里香酚蓝、0.2g酚酞,与50g已在105~110℃烘干过的KNO_3混合研磨,储存于磨口瓶中备用。

⑤0.015mol/L EDTA标准溶液(同上)。

2. 实验步骤

吸取25mL试样溶液,放入400mL烧杯中,加入15mL 2% KF溶液搅拌,并放置2min以上。用水稀释至约200mL,加入5mL三乙醇胺(1:2)及适量CMP混合指示剂,在搅拌下滴入20%氢氧化钾,至出现绿色荧光后再过量5~8mL,使溶液的pH>13,用0.015mol/L EDTA标准溶液滴定至绿色荧光消失,转变为粉红色。用所消耗EDTA的体积V_1计算CaO的含量。

(五)MgO的测定

1. 实验仪器及试剂

(1)实验仪器

同CaO

(2)实验试剂

①2% 氟化钾溶液(同CaO)。

②10% 酒石酸钾钠:将10g酒石酸钾钠溶于水配制成100mL溶液。

③三乙醇胺(1:2)(同上)。

④氨水-氯化铵缓冲溶液(pH=10):将67.5g氯化铵溶于水中,加570mL氨水,然后用水稀释至1L。

⑤K-B 指示剂:称取 1g 酸性铬蓝 K 和 2.5g 萘酚绿 B 与 50g 已在 105~110℃烘干过的 KNO_3 混合研磨,储存于磨口瓶中备用。

⑥0.015mol/L EDTA 标准溶液(同 CaO)。

2. 实验步骤

吸取 25mL 试样溶液,放入 400mL 烧杯中,加入 15mL 2% KF 溶液搅拌,并放置 2min 以上。用水稀释至约 200mL,加入 1mL 酒石酸钾钠溶液及 5mL 三乙醇胺溶液,搅拌,然后加入 25mL 氨水-氯化铵缓冲溶液(pH = 10)及适量的 K-B 指示剂,用 0.015mol/L EDTA 标准溶液滴定至纯蓝色,得滴定 Ca^{2+}、Mg^{2+} 消耗 EDTA 的总量,EDTA 耗用体积记为 V_2,以 ($V_2 - V_1$) 计算 MgO 的含量。

四、数据记录

实验中的数据记录及计算结果分别见表 5-7~表 5-10。

Fe_2O_3 测定的数据记录与计算表 表 5-7

吸取试样溶液的体积(mL)			
吸取液相当于粉煤灰试样质量(g)			
EDTA 溶液浓度(mol/L)			
实验次数	1	2	3
EDTA 溶液消耗量(mL)			
试样中 Fe_2O_3 的百分含量(%)			
Fe_2O_3 含量平均值(%)			

Al_2O_3 测定的数据记录与计算表 表 5-8

吸取试样溶液的体积(mL)			
吸取液相当于粉煤灰试样质量(g)			
EDTA 溶液浓度(mol/L)			
实验次数	1	2	3
EDTA 溶液消耗量(mL)			
试样中 Al_2O_3 的百分含量(%)			
Al_2O_3 含量平均值(%)			

CaO 测定的数据记录与计算表 表 5-9

吸取试样溶液的体积(mL)			
吸取液相当于粉煤灰试样质量(g)			
EDTA 溶液浓度(mol/L)			
实验次数	1	2	3
EDTA 溶液消耗量(mL)			
试样中 CaO 的百分含量(%)			
CaO 含量平均值(%)			

MgO 测定的数据记录与计算表　　　　　　　　表 5-10

吸取试样溶液的体积(mL)			
吸取液相当于粉煤灰试样质量(g)			
EDTA 溶液浓度(mol/L)			
实验次数	1	2	3
滴定 $Ca^{2+}+Mg^{2+}$ EDTA 溶液消耗量(mL)			
滴定 Mg^{2+} EDTA 溶液消耗量(mL)			
试样中 MgO 的百分含量(%)			
MgO 含量平均值(%)			

实验十三　石灰中钙的测定(高锰酸钾法)

一、实验目的

(1)学习沉淀分离的基本知识和操作(沉淀、过滤及洗涤等)。

(2)了解用高锰酸钾法测定石灰石中钙含量的原理和方法,尤其是结晶型草酸钙沉淀和分离的条件及洗涤草酸钙沉淀的方法。

二、实验原理

石灰石的主要成分是 $CaCO_3$,较好的石灰石含 CaO 约 45%～53%,此外还含有 SiO_2、Fe_2O_3、Al_2O_3 及 MgO 等杂质。

测定钙的方法很多,快速的方法是配位滴定法(与第五章实验八方法相同),较准确的方法是本实验采用的高锰酸钾法,即将 Ca^{2+} 沉淀为 CaC_2O_4,将沉淀滤出并洗净后,溶于稀 H_2SO_4 溶液,再用 $KMnO_4$ 标准溶液滴定与 Ca^{2+} 相当的 $C_2O_4^{2-}$,根据所用 $KMnO_4$ 标准溶液的量计算试样中钙或氧化钙的含量,主要反应如下:

$$Ca^{2+}+C_2O_4^{2-}\Longrightarrow CaC_2O_4\downarrow$$

$$CaC_2O_4+H_2SO_4\Longrightarrow CaSO_4+H_2C_2O_4$$

$$5H_2C_2O_4+2MnO_4^-+6H^+\Longrightarrow 2Mn^{2+}+10CO_2\uparrow+8H_2O$$

此法用于测定含 Mg^{2+} 及碱金属的试样,应避免存在其他金属阳离子,由于它们与 $C_2O_4^{2-}$ 容易生成沉淀或共沉淀而形成正误差。

当 $[Na^+]>[Ca^{2+}]$, $Na_2C_2O_4$ 共沉淀形成正误差。如 Mg^{2+} 存在,往往产生后沉淀。若溶液中含 Ca^{2+} 和 Mg^{2+} 量相近,也产生共沉淀;如果过量的 $C_2O_4^{2-}$ 浓度足够大,则形成可溶性草酸镁配合物 $[Mg(C_2O_4)_2]^{2-}$;若在沉淀完毕后即进行过滤,则此干扰可减小。当 $[Mg^{2+}]>[Ca^{2+}]$,共沉淀影响很严重,需要进行再沉淀。

按照经典方法,需用碱性熔剂熔融分解试样,制成溶液,分离除去 SiO_2 和 Fe^{3+}、Al^{3+},然后测定钙。操作较麻烦。若试样中含酸不溶物较少,可以用酸溶解试样,Fe^{3+}、Al^{3+} 可用柠檬酸铵掩蔽,不必沉淀分离,这样可简化操作过程。

CaC_2O_4 是弱酸盐沉淀,其溶解度随溶液酸度增大而增加。pH = 4 时,CaC_2O_4 的溶解损失可以忽略。一般采用在酸性溶液中加入 $(NH_4)_2C_2O_4$,再滴加氨水逐滴中和溶液中的 H^+,使 $[C_2O_4^{2-}]$ 缓慢增加,CaC_2O_4 沉淀缓慢生成,最后控制溶液 pH 在 3.5 ~ 4.5。这样,既可使 CaC_2O_4 沉淀完全,又不致生成 $Ca(OH)_2$ 或 $(CaOH)_2C_2O_4$ 沉淀,并能获得组成一定、颗粒粗大而纯净的 CaC_2O_4 沉淀。

其他矿石中的钙,也可用本法测定。

三、实验仪器及试剂

1. 实验仪器

分析天平,容量瓶(250mL),移液管(50mL),酸式滴定管(50mL),中速滤纸。

2. 实验试剂

(1) HCl 溶液(6mol/L):用量筒量取 50mL 浓盐酸于烧杯中,用蒸馏水稀释至 100mL,转移至试剂瓶中。

(2) H_2SO_4 溶液(1mol/L):用量筒量取 5.6mL 浓硫酸于烧杯中,用蒸馏水稀释至 100mL,转移至试剂瓶中。

(3) HNO_3 溶液(2 mol/L):用量筒量取 13.3mL 浓硝酸于烧杯中,用蒸馏水稀释至 100mL,转移至滴瓶中。

(4) 甲基橙溶液(0.1%):将 0.1g 甲基橙溶解于 100mL 水中,转移至滴瓶中。

(5) 氨水(3mol/L):用量筒量取 21.4mL 浓氨水于烧杯中,用蒸馏水稀释至 100mL,转移至滴瓶中。

(6) 柠檬酸铵(10%):称取柠檬酸铵 10g 置于烧杯中,用水溶解,配制成 100mL 溶液,转移至试剂瓶中。

(7) $(NH_4)_2C_2O_4$ 溶液(0.5 mol/L):称取 $(NH_4)_2C_2O_4 \cdot H_2O$ 71g 置于烧杯中,用水溶解,配制成 1L 溶液,转移至试剂瓶中。

(8) $(NH_4)_2C_2O_4$ 溶液(0.1mol/L):称取 $(NH_4)_2C_2O_4 \cdot H_2O$ 14.2g 置于烧杯中,用水溶解,配制成 1L 溶液,转移至试剂瓶中。

(9) $AgNO_3$ 溶液(0.1mol/L):称取固体 $AgNO_3$ 1.7g 溶于含有少量硝酸的水溶液中,用水稀释至 100mL,转移至滴瓶中。

(10) $KMnO_4$ 标准溶液(0.01mol/L):配制及标定方法见第四章实验九。

四、实验步骤

准确称取石灰石试样 0.5 ~ 1g(精确至 0.0001g),置于 250mL 烧杯中,滴加少量水润湿❶,盖上表面皿,缓缓滴加 HCl(6mol/L)溶液 10mL,同时不断摇动烧杯,待停止发泡后,小心加热煮沸 2min。冷却至室温后,将全部物质转移至 250mL 容量瓶中,加水至刻度,摇匀,

---

❶ 先用少量水润湿,以免加 HCl 溶液时产生的 CO_2 将试样粉末冲出。

静置使其中的酸不溶物沉降。

准确吸取 50mL 上清液(必要时用干滤纸过滤到干烧杯中再吸取)3 份,分别放入 400mL 烧杯中,加入 5mL 10% 柠檬酸铵溶液❶和 120mL 水,加 2 滴 0.1% 甲基橙,加 6mol/L HCl 溶液 5~10mL 至溶液显红色❷,加入 15~20mL 0.5mol/L $(NH_4)_2C_2O_4$ 溶液。(若此时有沉淀生成,应在搅拌下以 1~2 滴/s 的速度滴加 6mol/L HCl 溶液至沉淀溶解,注意勿加多)。加热至 70~80℃,在不断搅拌下以 1~2 滴/s 的速度滴加 3mol/L 氨水至溶液由红色变为橙黄色❸,继续保温约 30min❹并随时搅拌,放置冷却。

用中速滤纸(或玻璃砂芯漏斗)以倾泻法过滤。用冷的 0.1% $(NH_4)_2C_2O_4$ 溶液用倾泻法洗涤沉淀❺ 3~4 次,再用冷水洗涤至洗液不含 Cl^- 为止。

将带有沉淀的滤纸贴在原储存沉淀的烧杯内壁。用 50mL 1mol/L H_2SO_4 溶液将滤纸上沉淀洗入烧杯,用水稀释至 100mL,加热至 75~85℃,用 0.01mol/L $KMnO_4$ 标准溶液滴定至溶液呈粉红色,然后将滤纸浸入溶液中,用玻璃棒搅拌,若溶液退色,再用 $KMnO_4$ 溶液滴定,直至粉红色在 30s 内不退色即达到终点。

根据高锰酸钾用量和试样质量计算试样中 Ca(或 CaO)的百分含量。

五、数据记录与计算

实验中所得数据的记录与计算见表 5-11。

石灰中钙的含量测定数据记录与计算表　　　　表 5-11

项目 \ 次数	1	2	3
试样质量(g)			
吸取试液体积(mL)		50.00	
吸取试液相当于试样质量(g)			
$KMnO_4$ 标准溶液浓度(mol/L)			
消耗 $KMnO_4$ 溶液体积(mL)			
CaO 含量(%)			
CaO 含量平均值(%)			
测定的平均偏差			
相对平均偏差			

---

❶ 柠檬酸铵络合掩蔽 Fe^{3+} 和 Al^{3+},以免生成胶体和共沉淀,其用量视铁和铝的含量多少而定。

❷ 在酸性溶液中加 $(NH_4)_2C_2O_4$,再调 pH,此时盐酸只能稍过量,否则用氨水调 pH 时,用量较大。

❸ 调节 pH = 3.5~4.5,使 CaC_2O_4 沉淀完全,MgC_2O_4 不沉淀。

❹ 保温是为了使沉淀陈化。若沉淀完毕后,要放置过夜,则不必保温。但对镁含量高的试样,不宜久放,以免后沉淀。

❺ 先用沉淀剂稀溶液洗涤,根据同离子效应,可降低沉淀的溶解度,以减小溶解损失,同时洗去大量杂质。

六、思考题

(1) 洗涤 CaC_2O_4 沉淀时,为什么要先用稀$(NH_4)_2C_2O_4$溶液作洗涤液,然后再用纯水洗?如何判断 $C_2O_4^{2-}$ 已洗净? 如何判断 Cl^- 已洗净?

(2) CaC_2O_4 沉淀生成后为何要陈化?

(3) $KMnO_4$ 法与配位滴定法测定钙的优缺点是什么?

第六章 创新型实验

实验一 银氨配离子配位数的测定

一、实验目的

(1) 练习滴定操作。
(2) 应用配位平衡和沉淀平衡等知识测定银氨配离子的配位数。

二、实验原理

在 $AgNO_3$ 溶液中加入过量氨水,即生成稳定的 $[Ag(NH_3)_n^+]$。再往溶液中加入 KBr 溶液,直到刚刚出现 Br 沉淀(浑浊)为止,这时混合溶液中同时存在着以下的配位平衡和沉淀平衡:

$$Ag^+ + nNH_3 \rightleftharpoons [Ag(NH_3)_n^+]$$

$$K_{稳} = \frac{[Ag(NH_3)_n^+]}{[Ag^+][NH_3]^n}$$

$$Ag^+ + Br^- \rightleftharpoons AgBr \downarrow$$

$$K_{SP} = [Ag^+][Br^-]$$

体系中 $[Ag^+]$ 必须同时满足上述两个平衡,所以

$$\frac{[Ag(NH_3)_n^+][Br^-]}{[NH_3]^n} = K_{稳} \cdot K_{SP} = K$$

$$[Ag(NH_3)_n^+][Br^-] = K \cdot [NH_3]^n \tag{6-1}$$

将式(6-1)等号两边取对数,可得到:

$$\lg[Ag(NH_3)_n^+][Br^-] = n\lg[NH_3] + \lg K \tag{6-2}$$

分别以 $\lg[Ag(NH_3)_n^+][Br^-]$ 和 $\lg[NH_3]$ 为纵坐标和横坐标作图,斜率即为 $[Ag(NH_3)_n^+]$ 的配位数 n(取最接近的整数)。反应达到平衡时,$[Br^-]$、$[Ag(NH_3)_n^+]$、$[NH_3]$ 的平衡浓度如下:

$$[Br^-] = [Br^-]_0 \times \frac{v_{Br^-}}{v_t}$$

$$[Ag(NH_3)_n^+] = [Ag^+]_0 \times \frac{v_{Ag^+}}{v_t}$$

$$[NH_3] = [NH_3]_0 \times \frac{v_{NH_3}}{v_t}$$

三、实验仪器与试剂

1. 实验仪器

250mL锥形瓶，酸式滴定管（棕色），碱式滴定管，移液管。

2. 试剂

（1）KBr溶液（0.01mol/L）：将1.19g KBr溶于水，配制成1L溶液。

（2）$AgNO_3$溶液（0.01mol/L）：将1.7g $AgNO_3$溶于水配成1L溶液，在溶液中加几滴浓硝酸，混匀，转移至棕色试剂瓶中。

（3）氨水溶液（2mol/L）：将154mL浓氨水溶于水中，配成1L溶液。

四、实验步骤

（1）用移液管准确移取20.00mL 0.010mol/L $AgNO_3$溶液到250mL锥形瓶中，再分别用碱式滴定管加入40mL 2.00mol/L氨水和40mL蒸馏水，混合均匀。

（2）在不断振荡下，从酸式滴定管中逐滴加入0.010mol/L KBr溶液，直到刚产生的AgBr浑浊，不再消失为止。

（3）记下所用的KBr溶液的体积 v_{Br^-}，并计算出溶液的体积 v_t。

（4）再用35.00mL、30.00mL、25.00mL、20.00mL、15.00mL和10.00mL 2.00mol/L氨水溶液重复上述操作。

（5）注意事项：在进行重复操作中，当接近终点时应加入适量蒸馏水，使总体积与第一次实验相同，记下滴定终点时所用去的KBr溶液的体积 v_{Br^-}。

五、数据记录与结果的处理

1. 数据记录与计算

实验数据的记录与计算见表6-1。

银氨配离子配位数测定的数据记录与计算表　　　　表6-1

编号	溶液体积（mL）					数据计算				
	$AgNO_3$	NH_3	H_2O	KBr	总体积	$[Br^-]$	$[Ag(NH_3)_n^+]$	$[NH_3]$	$lg[Ag(NH_3)_n^+][Br^-]$	$lg[NH_3]$
1	20	40	10							
2	20	35	15							
3	20	30	20							
4	20	25	25							
5	20	20	30							
6	20	15	35							

2. 作图

由于 $lg[Br^-][Ag(NH_3)_n^+]$ 和 $lg[NH_3]$ 均为负值，因此可以 $(-lg[Br^-][Ag(NH_3)_n^+])$ 为纵坐标，$(-lg[NH_3])$ 为横坐标作图得一直线，计算直线的斜率。求出 $[Ag(NH_3)_n^+]$ 的配位数 n。

六、思考题

(1) 在计算平衡浓度 $[Br^-]$、$[Ag(NH_3)_n^+]$ 和 $[NH_3]$ 时,为什么不考虑生成 AgBr 沉淀时消耗掉的 Br^- 和 Ag^+,以及配离子离解出来的 Ag^+ 和生成配离子时消耗掉的 NH_3 分子等的浓度?

(2) 在其他实验条件完全相同的情况下,能否用相同浓度的 KCl 或 KI 溶液进行本实验?为什么?

(3) 若 AgBr 的 $K_{SP}=4.1\times10^{-13}$(291K),由本实验数据如何求出 $[Ag(NH_3)_n^+]$ 的 $K_{稳}$?

(4) 本实验操作中应注意什么?滴加溶液的操作与酸碱滴定有何不同?

实验二 邻二氮菲分光光度法测定铁的含量

一、实验目的

(1) 了解 721 可见分光光度计的构造。
(2) 了解分光光度法测定原理。
(3) 掌握 721 可见分光光度计的操作方法。
(4) 掌握邻二氮菲分光光度法测定水中铁离子含量的测定方法。

二、实验原理

1. 朗伯-比耳定律

布格(Bouguer)和朗伯(Lambert)先后于 1729 年和 1760 年阐明了光的吸收程度 A 和吸收层厚度 b 成正比:$A\propto b$;1852 年比耳(Beer)又提出了光的吸收程度 A 和吸收物浓度 c 之间也具有成正比的关系:$A\propto c$;二者的结合称为朗伯-比耳定律。即:当一束平行的单色光通过均匀、非散射的稀溶液时,溶液对光的吸收程度与溶液的浓度及液层厚度的乘积成正比。朗伯-比耳定律是吸光光度法的理论基础和定量测定的依据,应用于各种光度法的吸收测量。它不仅适用于可见光,也适用于紫外光和红外光;不仅适用于均匀非散射的液体,也适用于固体和气体。

朗伯-比耳定律,数学表达式为:$A=\varepsilon bc$。其中,A 为吸光度,描述溶液对光的吸收程度;b 为液层厚度(光程长度)(cm);c 为溶液的摩尔浓度(mol/L);ε 为摩尔吸光系数[L/(mol·cm)]。摩尔吸光系数 ε 在数值上等于浓度为 1mol/L、液层厚度为 1cm 时,该溶液在某一波长下的吸光度。

2. 邻二氮菲分光光度法测定铁的原理

测定溶液中的微量铁,一般采用邻二氮菲分光光度法。即在 pH = 3～9 的溶液中,Fe^{2+} 与邻二氮菲(phen)生成稳定的桔红色配合物 $Fe(phen)_3^{2+}$,反应如下:

$$2Fe^{3+}+2NH_2OH\cdot HCl \xlongequal{\quad} 2Fe^{2+}+N_2\uparrow+2H_2O+4H^++2Cl^-$$

$$3 \text{(phen)} + Fe^{2+} \longrightarrow [Fe(phen)_3]^{2+}$$

根据朗伯-比耳定律：$A = \varepsilon bc$，当入射光波长 λ 及光程 b 一定时，在一定浓度范围内，有色物质的吸光度 A 与该物质的浓度 c 成正比。采用标准曲线分析方法，测定被测物质中微量铁的含量。

三、仪器设备与主要试剂

1. 仪器设备

实验中所用仪器与设备明细见表6-2。

仪器设备明细表   表6-2

主要仪器设备	数量	备注
721型可见分光光度计	10台	
比色皿	40只	1cm
容量瓶8	8只	50mL
吸量管	各12支	每组5mL、10mL各1支
移液管	12支	5mL

2. 试剂

（1）铁标准溶液（40μg/mL）：称取0.0400g纯铁丝（含铁99.99%）溶于20～30mL 1mol/L的盐酸溶液中，缓缓加热待全部溶解后，加入少量过硫酸铵，煮沸数分钟，冷却至室温，移入1L容量瓶中，用Ⅰ级试剂水稀释至刻度，摇匀，转移至试剂瓶中待用。

（2）盐酸羟胺溶液（10%）：称取10g盐酸羟胺溶于水中，配成100mL溶液（用时现配）。

（3）邻二氮菲溶液（0.1%）：称取0.1g邻二氮菲溶于水中，配成100mL溶液。

（4）HAc-NaAc缓冲溶液（pH≈5.0）：取10g $CH_3COONa·3H_2O$，溶于适量水中，加6mol/L醋酸6.8mL，稀释至100mL。

（5）磺基水杨酸（100g/L）：称取100g磺基水杨酸溶于中，用水稀释至1L。

（6）浓氨水（$\rho = 0.9$ g/mL）。

（7）铁试样（浓度约为32～48μg/mL）。

四、实验步骤

1. 系列标准溶液及分析试液的配制

用吸量管吸取铁标准溶液（20μg/mL）0.00mL、1.00mL、2.00mL、3.00mL、4.00mL、5.00mL，分别移入7个50mL容量瓶中，另取3个50mL容量瓶，分别加入含铁分析试液5.00mL，然后加入1mL 10%盐酸羟胺溶液，2mL 0.1%邻二氮杂菲溶液和5mL HAc-NaAc缓冲溶液,加水稀释至刻度,充分摇匀。放置 10min,待测,并分别记为 1、2、3、4、5、6、7、8、9 号试液。

2. 721 型可见分光度计操作步骤

(1) 开机。

(2) 定波长 λ。

(3) 打开盖子调零 $T=0$。

(4) 关上盖子,调满刻度至 $T=100(A=0)$。

(5) 参比溶液比色皿放入其中,均合 $T=100$ 调满 $(A=0)$。

(6) 第一格不动,第二、三、四格换上标液(共计六个点)调换标液时先用蒸馏水清洗,再用待测液(标液)清洗,再测其分光度。

3. 邻二氮杂菲 – Fe^{2+} 吸收曲线的绘制(获得最佳工作波长)

选用 1cm 比色皿,以试剂空白(1号)为参比溶液,取 4 号试液,在 440~560nm 波长范围内,每隔 20nm 测一次吸光度,其中 500~520nm 之间,每隔 10nm 测定一次吸光度(每改变一次波长,都要在参比溶液下调整 $T=0$、$T=100$、$A=0$)。以所得吸光度 A 为纵坐标,以相应波长 λ 为横坐标,在坐标纸上绘制 A 与 λ 的吸收曲线。从吸收曲线上选择最大吸收波长 λ_{max} 作为测定波长。

4. 标准曲线的制作

用 1cm 比色皿,以试剂空白(即在 0.00mL 铁标准溶液中加入相同试剂)为参比溶液,选择 λ_{max} 为测定波长,测量 1~6 号试液的吸光度。在坐标纸上,以含铁量为横坐标,吸光度 A 为纵坐标,绘制标准曲线。

5. 水样中铁含量的测定

取 7~9 号试液在 λ_{max} 波长处,用 1cm 比色皿,以试剂空白为参比溶液,平行测定吸光度 A,计算其平均值,在标准曲线上查出铁的含量,计算水样中铁的含量,平行测定两次。

五、实验数据处理

1. 吸收曲线的绘制

根据实验步骤 3 所得实验数据(表 6-3 为不同波长下的吸光度),以吸光度 A 为纵坐标,以相应波长 λ 为横坐标,在坐标纸上绘制吸收曲线。

不同波长下的吸光度　　　　表 6-3

波长(nm)	430	450	470	490	500	505	510	515	520	530	550	570	590
吸光度 A													

2. 标准曲线的绘制与铁含量的测定

根据实验内容 4 所得的实验数据(表 6-4 为不同浓度的邻二氮杂菲 – Fe^{2+} 标准液和未知溶液最大吸收波长吸光度),以铁含量(浓度单位是 μg/25mL)为横坐标,吸光度 A 为纵坐标,在坐标纸上绘制标准曲线。然后依据未知液的 A 值,从标准曲线上即可查得其对应浓度。

不同浓度的邻二氮杂菲-Fe^{2+}标准液最大吸收波长吸光度 　　　　表6-4

样品类别	标准溶液						未知溶液		
样品编号	1	2	3	4	5	6	7	8	9
移取含铁液的体积(mL)	0.0	1.0	2.0	3.0	4.0	5.0	5.0	5.0	5.0
含铁总量(μg/25mL)									
吸光度 A									

3. 原含铁分析试液中铁含量

根据以上两步得到的实验数据,测定原含铁分析试液中铁的含量,测定数据见表6-5。

试液中铁含量的测定数据及计算结果 　　　　表6-5

序号	ρ_{Fe}(mg/L)	平均值	s	RSD
7				
8				
9				

结论:铁未知液中铁的含量 ρ_{Fe} = 95% 置信度下平均值的置信区间 $\rho_{Fe} = \bar{x} \pm 2.5s$。

六、思考题

(1)邻二氮杂菲分光光度法测定铁的原理是什么?

(2)邻二氮菲分光光度法测定铁中的铁主要是以什么形式存在?如何保障溶液中的铁离子是以邻二氮菲络合铁的价态形式存在?

(3)邻二氮菲分光光度法测定铁时,干扰离子有哪些?如何消除干扰?

(4)邻二氮杂菲分光光度法测定铁时,为何要加入盐酸羟胺溶液?

(5)为什么绘制工作曲线和测定试样应在相同的条件下进行?这里主要指哪些条件?

(6)参比溶液的作用是什么?在本实验中可否用蒸馏水作参比溶液?

(7)邻二氮菲络合铁时,溶液 pH 值最好控制在多少?用什么缓冲溶液调节溶液 pH?

实验三　常见阴离子混合液的分离与鉴定

一、实验目的

(1)掌握常见含硫混合阴离子的分离方法。

(2)掌握一些常见阴离子的鉴定方法。

(3)自行设计实验方案,分离常见的阴离子。

二、实验仪器与试剂

1. 仪器

点滴板,离心机,试管,烧杯等。

2. 试剂

(1) $CdCO_3(s)$。

(2) 1% $Na_2[Fe(CN)_5NO]$：将 5g $Na_2[Fe(CN)_5NO]$ 溶于水，配成 500mL 溶液。

(3) HCl(3mol/L)：将 252mL 浓盐酸溶于水配成 1L 溶液。

(4) HCl(6mol/L)：将 25.4mL 浓盐酸溶于水配成 1L 溶液。

(5) $PbAc_2$ 试纸。

(6) $AgNO_3$(0.1mol/L)：将 17g $AgNO_3$ 溶于适量水，在溶液中加入几滴浓硝酸，用水稀释至 1L，混匀，转移至棕色试剂瓶中。

(7) 碘淀粉溶液：取 5g 淀粉，加入 500mL 开水中，搅拌均匀，再加入 5mL 碘溶液。

(8) $SrCl_2$(0.1mol/L)：将 26.7g $SrCl_2 \cdot H_2O$ 溶于水中，配成 1L 溶液。

三、实验步骤

1. S^{2-}、SO_3^{2-} 和 $S_2O_3^{2-}$ 混合液的分离

取 S^{2-} 试液(2滴)及 SO_3^{2-}，$S_2O_3^{2-}$ 各 4 滴，混匀。

(1) S^{2-} 的鉴定

取混合液 1 滴于白色滴板上，加 1 滴 $Na_2[Fe(CN)_5NO]$，溶液变为紫色，则有 S^{2-} 存在。反应式如下：

$$S^{2-} + 4Na^+ + [Fe(CN)_5NO]^{2+} =\!=\!= Na_4[Fe(CN)_5NOS](紫色)$$

(2) S^{2-} 的除去

向其余的混合液中加入固体 $CdCO_3$，搅拌离心沉淀，至上清液中不含 S^{2-}。

(3) $S_2O_3^{2-}$ 的鉴定

① 取上述离心液 1 滴于白色滴板上，滴加 $AgNO_3$，沉淀由白色→黄色→黑色，则有 $S_2O_3^{2-}$ 存在。

② 取上述离心液 2 滴于离心管中，滴加 6mol/L HCl，加热，溶液变浑浊，则有 $S_2O_3^{2-}$ 存在。反应方程式如下：

$$S^{2-} + CdCO_3 =\!=\!= CdS\downarrow(淡黄) + CO_3^{2-}$$

$$S_2O_3^{2-} + 2Ag^+ =\!=\!= Ag_2S_2O_3\downarrow(白色)$$

$$Ag_2S_2O_3 + H_2O =\!=\!= Ag_2S\downarrow(黑) + SO_4^{2-} + 2H^+$$

(4) SO_3^{2-} 的鉴定

在剩余的离心液中加入 $SrCl_2$ 至沉淀完全→加热 3min→冷却→离心分离→沉淀→洗涤 2~3 次→沉淀 + HCl(3mol/L)→完全溶解→加碘淀粉溶液→蓝色褪去→则有亚硫酸根存在。反应方程式如下：

$$SO_3^{2-} + Sr^{2+} =\!=\!= SrSO_3\downarrow(白色)$$

$$SrSO_3 + 2H^+ =\!=\!= Sr^{2+} + SO_2\uparrow + H_2O$$

$$SO_3^{2-} + I_2 + H_2O =\!=\!= SO_4^{2-} + 2I^- + 2H^+$$

2. 写方程式

有七瓶未知溶液，未知溶液包括 Cl^-、SO_4^{2-}、I^-、$S_2O_3^{2-}$、S^{2-}、CrO_4^{2-} 和 CO_3^{2-} 等离子，通过一定的方式确定这些离子。写出反应方程式。

四、思考题

(1) 在 SO_3^{2-} 的鉴定中，为什么在加入碘淀粉溶液后，溶液蓝色褪去，说明有亚硫酸根存在？写出反应的方程式。

(2) 硫离子的鉴定还有什么方法？说明并写出反应方程式。

实验四　常见阳离子的分离与鉴定

一、实验目的

(1) 用所学元素及化合物的基本知识，进行阳离子的分离与鉴定。
(2) 通过自行设计实验方案，提高灵活运用所学知识的能力。

二、实验原理

离子鉴定就是依据所发生化学反应的现象来定性地判断某些离子是否存在的过程。为了能简便、可靠地鉴定出离子，往往要求鉴定离子的反应都有明显的外观特征（如颜色变化、沉淀的生成和溶解、气体的产生等），且都是灵敏和迅速的反应。

三、实验仪器及试剂

1. 仪器

点滴板，离心机，试管，烧杯，镍铬合金丝，酒精灯等。

2. 试剂

根据设计方案确定所用试剂。

四、实验方案的设计及实施

1. 部分碱金属、碱土金属离子的鉴定

部分碱金属及碱土金属的鉴定方法见表6-6。

部分碱金属及碱土金属的鉴定方法一览表　　表6-6

离子	操作方法	实验现象	原理及反应方程式
Na^+	向 NaCl 溶液中加入饱和 $KSb(OH)_6$ 溶液	生成白色结晶状沉淀	$Na^+ + KSb(OH)_6 = NaSb(OH)_6\downarrow$
K^+	向 KCl 溶液中加入饱和 $NaHC_4H_4O_6$ 溶液	生成白色结晶状沉淀	$KCl + NaHC_4H_4O_6 = NaCl + KHC_4H_4O_6$

续上表

离子	操作方法	实验现象	原理及反应方程式
Mg^{2+}	向 $MgCl_2$ 溶液中加入 NaOH 溶液直到生成絮状沉淀,再加入 1 滴镁试剂	生成蓝色沉淀	镁试剂在碱性介质中与 Mg^{2+} 形成天蓝色沉淀
Ca^{2+}	向 $CaCl_2$ 溶液中加入饱和草酸铵溶液,将得到的沉淀分别与醋酸和盐酸反应	白色沉淀不溶于醋酸,溶于盐酸。	$Ca^{2+} + C_2O_4^{2-} = CaC_2O_4 \downarrow$ CaC_2O_4 溶于强酸
Ba^{2+}	向 $BaCl_2$ 溶液中加入醋酸和醋酸钠溶液各 2 滴,再加 2 滴铬酸钾溶液	有黄色沉淀生成	HAc-NaAc 调节溶液 pH 在 4~5,使之生成 $BaCrO_4$ 沉淀。 $Ba^{2+} + CrO_4^{2-} = BaCrO_4 \downarrow$

2. 设计实验方案

现有几瓶未知溶液,包含:K^+、Na^+、NH_4^+、Mg^{2+}、Al^{3+}、Fe^{3+}、Ca^{2+}、Cu^{2+}、Ag^+ 等常见阳离子,自行设计实验方案,并用实验验证。

附录 1　常用元素的相对原子质量(2003)

附表1

元素符号	名称	相对原子质量	元素符号	名称	相对原子质量
Ag	银	107.868	In	铟	114.818
Al	铝	26.9815	K	钾	39.098
Ar	氩	39.948	Kr	氪	83.798
As	砷	74.9216	Li	锂	6.941
Au	金	196.967	Mg	镁	24.305
B	硼	10.811	Mn	锰	54.938
Ba	钡	137.327	N	氮	14.0067
Be	铍	9.01218	Na	钠	22.9898
Bi	铋	208.98	Ne	氖	20.1797
Br	溴	79.904	Ni	镍	58.6934
C	碳	12.0107	O	氧	15.9994
Ca	钙	40.078	P	磷	30.974
Cd	镉	112.41	Pb	铅	207.2
Cl	氯	35.453	Pd	钯	106.42
Co	钴	58.933	Pt	铂	195.078
Cr	铬	51.996	S	硫	32.065
Cu	铜	63.546	Sb	锑	121.76
F	氟	18.998	Se	硒	78.86
Fe	铁	55.845	Si	硅	28.086
Ga	镓	69.723	Sn	锡	118.71
Ge	锗	72.64	Sr	锶	87.62
H	氢	1.00794	Ti	钛	47.867
He	氦	20.1797	V	钒	50.942
Hg	汞	200.59	Xe	氙	131.293
I	碘	126.904	Zn	锌	65.409

附录2 常见化合物的相对分子质量

附表2

化合物	M_r	化合物	M_r	化合物	M_r
AgBr	187.77	$CaCO_3$	100.09	$Fe(NO_3)_3$	241.86
AgCl	143.32	CaC_2O_4	128.10	$Fe(OH)_2$	106.87
AgCN	133.84	$CaCl_2$	110.99	FeS	87.91
AgSCN	169.95	$Ca(OH)_2$	74.09	$FeSO_4$	151.90
Ag_2CrO_4	331.73	$Ca_3(PO_4)_2$	310.18	$FeSO_4 \cdot 7H_2O$	278.02
AgI	234.77	$CaSO_4$	136.14	$FeSO_4 \cdot (NH_4)SO_4 \cdot 6H_2O$	392.14
$AgNO_3$	169.87	CaO	56.08	$FeCl_3$	162.21
$AlCl_3$	133.34	$CdCl_2$	183.32	$FeCl_2$	126.75
$Al(NO_3)_3$	213.00	CdS	144.47	H_3AsO_3	125.94
Al_2O_3	101.96	$CdCO_3$	172.42	H_3AsO_4	141.94
$Al(OH)_3$	78.00	$Ce(SO_4)_2$	332.24	H_3BO_3	61.83
$Al_2(SO_4)_3$	342.15	$Co(NO_3)_2$	132.94	HBr	80.91
As_2O_3	197.84	$CoSO_4$	154.99	HCN	27.03
As_2O_5	229.84	$CoCl_2$	129.84	HCOOH	46.03
As_2S_3	246.02	$Cr(NO_3)_3$	238.01	CH_3COOH	60.05
$BaCO_3$	197.34	Cr_2O_3	151.99	H_2CO_3	62.02
BaC_2O_4	225.35	$CrCl_3$	158.35	$H_2C_2O_4$	90.04
$BaCl_2$	208.24	CuCl	99.00	HCl	36.46
$BaSO_4$	233.39	$CuCl_2$	134.45	HF	20.01
$BaCrO_4$	253.32	$Cu(NO_3)_2$	187.56	HI	127.91
BaO	153.33	CuO	79.54	HIO_3	175.91
$Ba(OH)_2$	171.35	Cu_2O	143.09	HNO_3	63.01

续上表

化合物	M_r	化合物	M_r	化合物	M_r
$BiCl_3$	315.34	$CuSO_4$	159.60	HNO_2	47.01
$BiOCl$	260.43	$CuSO_4 \cdot 5H_2O$	249.68	H_2O	18.02
CO_2	44.01	CuS	95.61	H_2O_2	34.02
H_3PO_4	98.00	KI	166.00	Na_3PO_4	163.94
H_2S	34.08	KIO_3	214.00	Na_2S	78.04
H_2SO_3	82.07	$KMnO_4$	158.03	Na_2SO_3	126.04
H_2SO_4	98.07	KNO_3	101.10	Na_2SO_4	142.04
$HgCl_2$	271.50	KNO_2	85.10	$Na_2S_2O_3$	158.10
Hg_2Cl_2	472.09	K_2O	94.20	$NaOH$	40.00
HgI_2	454.40	KOH	56.11	Na_2CO_3	105.99
$Hg_2(NO_3)_2$	525.19	K_2SO_4	174.25	$Ni(NO_3)_2 \cdot 6H_2O$	290.79
$Hg(NO_3)_2$	324.60	$KHSO_4$	136.16	$NiSO_4 \cdot 7H_2O$	280.85
HgO	216.59	$MgCl_2$	95.21	$NiCl_2 \cdot 6H_2O$	237.69
HgS	232.65	MgC_2O_4	112.33	NiO	74.69
$HgSO_4$	296.65	$Mg(NO_3)_2 \cdot 6H_2O$	256.41	P_2O_5	141.94
Hg_2SO_4	497.24	MgO	40.30	$PbCl_2$	278.10
$KAl(SO_4)_2 \cdot 12H_2O$	474.38	$Mg(OH)_2$	58.32	$PbCO_3$	267.20
KBr	119.00	$MgSO_4 \cdot 7H_2O$	246.47	PbC_2O_4	295.22
$KBrO_3$	167.00	$MgCO_3$	84.31	$PbCrO_4$	323.20
KCl	74.55	$MnCl_2 \cdot 4H_2O$	197.91	PbI_2	461.00
$KClO_3$	122.55	$MnCO_3$	114.95	$Pb(NO_3)_2$	331.20
$KClO_4$	138.55	$Na_2C_2O_4$	134.00	PbO	223.20
KCN	65.12	$NaCl$	58.44	PbS	239.30
$KSCN$	97.18	$NaClO$	74.44	$PbSO_4$	303.30
K_2CO_3	138.21	$NaHCO_3$	84.01	SO_2	64.06
K_2CrO_4	194.19	$NaNO_2$	69.00	SO_3	80.06
$K_2Cr_2O_7$	294.18	$NaNO_3$	85.00	$SbCl_3$	228.11
$K_3Fe(CN)_6$	329.25	Na_2O	61.98	$SbCl_5$	299.02

续上表

化合物	M_r	化合物	M_r	化合物	M_r
$K_4Fe(CN)_6$	368.35	Na_2O_2	77.98	Sb_2O_3	291.50
SiF_4	104.08	$SrCO_3$	147.63	$Zn(NO_3)_2$	189.39
SiO_2	60.08	$SrCrO_4$	203.61	ZnO	81.38
$SnCl_2$	189.60	$Sr(NO_3)_2$	211.63	ZnS	97.44
$SnCl_4$	260.52	$SrSO_4$	183.68	$ZnSO_4$	161.44
SnO_2	150.71	$ZnCO_3$	125.39	ZnC_2O_4	153.40
SnS	150.78	$ZnCl_2$	136.29		

附录3 常用酸、碱溶液的近似浓度

附表3

试剂名称	化学式	质量分数(%)	密度(g/cm³)	物质的量浓度(mol/L)
盐酸	HCl	37	1.19	12(浓)
		20	1.10	6
		7	1.03	2
硝酸	HNO_3	70	1.42	16(浓)
		32	1.20	6
		12	1.07	2
硫酸	H_2SO_4	96	1.84	18(浓)
		44	1.34	6
		18	1.13	2
高氯酸	$HClO_4$	70	1.67	12
磷酸	H_3PO_4	85	1.69	15(浓)
冰醋酸	CH_3COOH	99	1.05	17
氨水	$NH_3 \cdot H_2O$	28	0.90	15(浓)
		11	0.95	6
		3.5	0.98	2
氢氧化钠	NaOH	40	1.43	14(浓)
		20	1.22	6

附录4 难溶电解质的溶度积(298.15K)

附表4

难溶电解质	溶度积 K_{SP}^{θ}	难溶电解质	溶度积 K_{SP}^{θ}
$AgCl$	1.77×10^{-10}	$BiO(NO_3)$	2.82×10^{-3}
$AgBr$	5.35×10^{-13}	Bi_2S_3	1×10^{-97}
AgI	8.52×10^{-17}	$CaSO_4$	4.93×10^{-5}
$AgOH$	2.0×10^{-8}	$CaSO_3 \cdot \frac{1}{2}H_2O$	3.1×10^{-7}
Ag_2SO_4	1.20×10^{-5}	$CaCO_3$	2.8×10^{-9}
Ag_2SO_3	1.50×10^{-14}	$Ca(OH)_2$	5.5×10^{-6}
Ag_2S	6.3×10^{-50}	CaF_2	5.2×10^{-9}
Ag_2CO_3	8.46×10^{-12}	$CaC_2O_4 \cdot H_2O$	2.32×10^{-9}
$Ag_2C_2O_4$	5.40×10^{-12}	$Ca_3(PO_4)_2$	2.07×10^{-29}
Ag_2CrO_4	1.12×10^{-12}	$Cd(OH)_2$	7.2×10^{-15}
$Ag_2Cr_2O_7$	2.0×10^{-7}	CdS	8.0×10^{-27}
Ag_3PO_4	8.89×10^{-17}	$Cr(OH)_3$	6.3×10^{-31}
$Al(OH)_3$	1.3×10^{-33}	$Co(OH)_2$	5.92×10^{-15}
As_2S_3	2.1×10^{-22}	$Co(OH)_3$	1.6×10^{-44}
BaF_2	1.84×10^{-7}	$CoCO_3$	1.4×10^{-13}
$Ba(OH)_2 \cdot 8H_2O$	2.55×10^{-4}	$\alpha\text{-}CoS$	4.0×10^{-21}
$BaSO_4$	1.08×10^{-10}	$\beta\text{-}CoS$	2.0×10^{-25}
$BaSO_3$	5.0×10^{-10}	$Cu(OH)$	1.0×10^{-14}
$BaCO_3$	2.58×10^{-9}	$Cu(OH)_2$	2.2×10^{-20}
BaC_2O_4	1.6×10^{-7}	$CuCl$	1.72×10^{-7}
$BaCrO_4$	1.17×10^{-10}	$CuBr$	6.27×10^{-9}
$Ba_3(PO_4)_2$	3.4×10^{-23}	CuI	1.27×10^{-12}
$Be(OH)_2$	6.92×10^{-22}	Cu_2S	2.5×10^{-48}

附录4 难溶电解质的溶度积(298.15K)

续上表

难溶电解质	溶度积 K_{SP}^{θ}	难溶电解质	溶度积 K_{SP}^{θ}
$Bi(OH)_3$	6.0×10^{-31}	CuS	6.3×10^{-36}
$BiOCl$	1.8×10^{-31}	$CuCO_3$	1.4×10^{-10}
$Fe(OH)_2$	4.87×10^{-17}	$Pb(OH)_2$	1.43×10^{-15}
$Fe(OH)_3$	2.79×10^{-39}	$Pb(OH)_4$	3.2×10^{-66}
$FeCO_3$	3.13×10^{-11}	PbF_2	3.3×10^{-8}
FeS	6.3×10^{-18}	$PbCl_2$	1.70×10^{-5}
$Hg(OH)_2$	3.0×10^{-26}	$PbBr_2$	6.6×10^{-6}
Hg_2Cl_2	1.43×10^{-18}	PbI_2	9.8×10^{-9}
Hg_2Br_2	6.4×10^{-23}	$PbSO_4$	2.53×10^{-8}
Hg_2I_2	5.2×10^{-29}	$PbCO_3$	7.4×10^{-14}
Hg_2CO_3	3.6×10^{-17}	$PbCrO_4$	2.8×10^{-13}
$HgBr_2$	6.2×10^{-20}	PbS	8.0×10^{-28}
HgI_2	2.8×10^{-29}	$Sn(OH)_2$	5.45×10^{-28}
Hg_2S	1.0×10^{-47}	$Sn(OH)_4$	1.0×10^{-56}
$HgS(红)$	4×10^{-53}	SnS	1.0×10^{-25}
$HgS(黑)$	1.6×10^{-52}	$SrCO_3$	5.60×10^{-10}
$K_2[PtCl_6]$	7.4×10^{-6}	$SrCrO_4$	2.2×10^{-5}
$Mg(OH)_2$	5.61×10^{-12}	$Zn(OH)_2$	3.0×10^{-17}
$MgCO_3$	6.82×10^{-6}	$ZnCO_3$	1.46×10^{-10}
$Mn(OH)_2$	1.9×10^{-13}	$\alpha\text{-}ZnS$	1.6×10^{-24}
$MnS(无定形)$	2.5×10^{-10}	$\beta\text{-}ZnS$	2.5×10^{-22}
$MnS(结晶)$	2.5×10^{-13}	$CsClO_4$	3.95×10^{-3}
$MnCO_3$	2.34×10^{-11}	$Au(OH)_3$	5.5×10^{-46}
$Ni(OH)_2(新析出)$	5.5×10^{-16}	$La(OH)_3$	2.0×10^{-19}
$NiCO_3$	1.42×10^{-7}	LiF	1.84×10^{-3}
$\alpha\text{-}NiS$	3.2×10^{-19}		

附录5 弱酸和弱碱的电离常数(298.15K)

附表5

弱酸或弱碱	电离方程式	电离常数 K^{θ}	PK^{θ}
HAc	$CH_3COOH \rightleftharpoons H^+ + CH_3COO^-$	1.76×10^{-5}	4.75
HCN	$HCN \rightleftharpoons H^+ + CN^-$	4.93×10^{-10}	9.31
HF	$HF \rightleftharpoons H^+ + F^-$	3.53×10^{-4}	3.45
H_3BO_3	$H_3BO_3 + H_2O \rightleftharpoons H^+ + [B(OH)_4]^-$	5.8×10^{-10}	9.24
HNO_2	$HNO_2 \rightleftharpoons H^+ + NO_2^-$	5.1×10^{-4}	3.29
HClO	$HClO \rightleftharpoons H^+ + ClO^-$	2.95×10^{-8} (291K)	7.53
$H_2C_2O_4$	$H_2C_2O_4 \rightleftharpoons H^+ + HC_2O_4^-$ $HC_2O_4^- \rightleftharpoons H^+ + C_2O_4^{2-}$	K_1^{θ} 5.9×10^{-2} K_2^{θ} 6.4×10^{-5}	1.23 4.19
H_2S	$H_2S \rightleftharpoons H^+ + HS^-$ $HS^- \rightleftharpoons H^+ + S^{2-}$	K_1^{θ} 9.1×10^{-8} (291K) K_2^{θ} 1.1×10^{-12} (291K)	7.04 11.96
H_2O_2	$H_2O_2 \rightleftharpoons H^+ + HO_2^-$ $HO_2^- \rightleftharpoons H^+ + O_2^{2-}$	K_1^{θ} 2.4×10^{-12} K_2^{θ} 1.0×10^{-25}	11.62 25.00
H_2SO_3	$H_2SO_3 \rightleftharpoons H^+ + HSO_3^-$ $HSO_3^- \rightleftharpoons H^+ + SO_3^{2-}$	K_1^{θ} 1.54×10^{-2} (291K) K_2^{θ} 1.02×10^{-7} (291K)	1.81 6.91
H_2CO_3	$H_2CO_3 \rightleftharpoons H^+ + HCO_3^-$ $HCO_3^- \rightleftharpoons H^+ + CO_3^{2-}$	K_1^{θ} 4.4×10^{-7} K_2^{θ} 5.61×10^{-11}	6.36 10.25
H_3PO_4	$H_3PO_4 \rightleftharpoons H^+ + H_2PO_4^-$ $H_2PO_4^- \rightleftharpoons H^+ + HPO_4^{2-}$ $HPO_4^{2-} \rightleftharpoons H^+ + PO_4^{3-}$	K_1^{θ} 7.52×10^{-3} K_2^{θ} 6.23×10^{-8} K_3^{θ} 4.4×10^{-13} K_3^{θ} 2.2×10^{-13} (291K)	2.12 7.21 12.36 12.67
$NH_3 \cdot H_2O$	$NH_3 \cdot H_2O \rightleftharpoons NH_4^+ + OH^-$	1.79×10^{-5}	4.75
$Ca(OH)_2$	$CaOH^+ \rightleftharpoons Ca^{2+} + OH^-$	K_2^{θ} 3.1×10^{-2}	1.50
$Ba(OH)_2$	$BaOH^+ \rightleftharpoons Ba^{2+} + OH^-$	K_2^{θ} 2.3×10^{-1}	0.64

续上表

弱酸或弱碱	电离方程式	电离常数 K^θ		PK^θ
$Pb(OH)_2$	$Pb(OH)_2 \rightleftharpoons PbOH^+ + OH^-$	K_1^θ	9.6×10^{-4}	3.02
	$PbOH^+ \rightleftharpoons Pb^{2+} + OH^-$	K_2^θ	3.0×10^{-8}	7.52
$Zn(OH)_2$	$Zn(OH)_2 \rightleftharpoons ZnOH^+ + OH^-$	K_1^θ	4.4×10^{-5}	4.36
	$ZnOH^+ \rightleftharpoons Zn^{2+} + OH^-$	K_2^θ	1.5×10^{-9}	8.82

附录6 常用缓冲溶液的配制

(1) 几种常见缓冲溶液的配制

附表 6-1

pH 值	配 制 方 法
0	1mol/L 的 HCl ❶
1	0.1mol/L 的 HCl
2	0.01mol/L 的 HCl
3.6	$NaAc \cdot 3H_2O$ 8g,溶于适量水中,加 6 mol/L HAc 134mL,稀释至 500mL
4.0	$NaAc \cdot 3H_2O$ 20g,溶于适量水中,加 6 mol/L HAc 134mL,稀释至 500mL
4.5	$NaAc \cdot 3H_2O$ 32g,溶于适量水中,加 6 mol/L HAc 68mL,稀释至 500mL
5.0	$NaAc \cdot 3H_2O$ 50g,溶于适量水中,加 6 mol/L HAc 34mL,稀释至 500mL
5.7	$NaAc \cdot 3H_2O$ 100g,溶于适量水中,加 6 mol/L HAc 13mL,稀释至 500mL
7	NH_4Ac 77g,用水溶解后,稀释至 500mL
7.5	NH_4Cl 60g,溶于适量水中,加 15mol/L 氨水 1.4mL,稀释至 500mL
8.0	NH_4Cl 50g,溶于适量水中,加 15mol/L 氨水 3.5mL,稀释至 500mL
8.5	NH_4Cl 40g,溶于适量水中,加 15mol/L 氨水 8.8mL,稀释至 500mL
9.0	NH_4Cl 35g,溶于适量水中,加 15mol/L 氨水 24mL,稀释至 500mL
9.5	NH_4Cl 30g,溶于适量水中,加 15mol/L 氨水 65mL,稀释至 500mL
10.0	NH_4Cl 27g,溶于适量水中,加 15mol/L 氨水 197mL,稀释至 500mL
10.5	NH_4Cl 9g,溶于适量水中,加 15 mol/L 氨水 175mL,稀释至 500mL
11	NH_4Cl 3g,溶于适量水中,加 15mol/L 氨水 207mL,稀释至 500mL
12	0.01mol/L 的 NaOH ❷
13	0.1mol/L 的 NaOH

❶ Cl^- 对测定有妨碍时,可用 HNO_3。

❷ Na^+ 对测定有妨碍时,可用 KOH。

(2) 25℃时几种缓冲溶液的配制

附表6-2

50mL 0.1mol/L 三羟甲基氨基甲烷加 xmL 0.1mol/L 的 HCl,稀释至100mL							
pH值	x	pH值	x	pH值	x	pH值	x
7.00	46.6	7.60	38.5	8.20	22.9	8.80	8.5
7.20	44.7	7.80	34.5	8.40	17.2	9.00	5.7
7.40	42.0	8.00	29.2	8.60	12.4		
50mL 0.025 mol/L $Na_2B_4O_7$ 加 xmL 0.1mol/L 的 HCl,稀释至100mL							
pH值	x	pH值	x	pH值	x	pH值	x
8.00	20.5	8.40	16.6	8.80	9.4	9.00	4.6
8.20	18.8	8.60	13.5				
50mL 0.025 mol/L $Na_2B_4O_7$ 加 xmL 0.1mol/L 的 NaOH,稀释至100mL							
pH值	x	pH值	x	pH值	x	pH值	x
9.20	0.9	9.80	15.0	10.20	20.5	10.60	23.3
9.40	6.2	10.00	18.3	10.40	22.1	10.80	24.25
9.60	11.1						
50mL 0.05 mol/L $NaHCO_3$ 加 xmL 0.1mol/L 的 NaOH,稀释至100mL							
pH值	x	pH值	x	pH值	x	pH值	x
9.60	5.0	10.00	10.7	10.40	16.5	10.80	21.2
9.80	7.6	10.20	13.8	10.60	19.1	11.00	22.7
50mL 0.05mol/L Na_2HPO_4 加 xmL 0.1mol/L 的 NaOH,稀释至100mL							
pH值	x	pH值	x	pH值	x	pH值	x
11.00	4.1	11.40	9.1	11.80	19.4	12.00	26.9
11.20	6.3	11.60	13.5				
25mL 0.2mol/L KCl 加 xmL 0.2mol/L 的 NaOH,稀释至100mL							
pH值	x	pH值	x	pH值	x	pH值	x
12.00	6.0	12.40	16.2	12.80	41.2	13.00	66.0
12.20	10.2	12.60	25.6				
25mL 0.2mol/L HCl 加 xmL 0.2mol/L 的 HCl,稀释至100mL							
pH值	x	pH值	x	pH值	x	pH值	x
1.00	67.0	1.40	26.6	1.80	10.2	2.00	6.5
1.20	42.5	1.60	16.2				

续上表

50mL 0.1mol/L 邻苯二甲酸氢钾加 x mL 0.1mol/L 的 HCl,稀释至 100mL									
pH 值	x	pH 值	x	pH 值	x	pH 值	x		
2.20	49.5	2.80	28.9	3.40	10.4	4.00	0.1		
2.40	42.2	3.00	22.3	3.60	6.3				
2.60	35.4	3.20	15.7	3.80	2.9				
50mL 0.1mol/L 邻苯二甲酸氢钾加 x mL 0.1mol/L 的 NaOH,稀释至 100mL									
pH 值	x	pH 值	x	pH 值	x	pH 值	x		
4.20	3.0	4.80	16.5	5.20	28.8	5.60	38.8		
4.40	6.6	5.00	22.6	5.40	34.1	5.80	42.3		
4.60	11.1								
50mL 0.1mol/L KH_2PO_4 加 x mL 0.1mol/L 的 NaOH,稀释至 100mL									
pH 值	x	pH 值	x	pH 值	x	pH 值	x		
5.80	3.6	6.40	11.6	7.00	29.1	7.60	42.8		
6.00	5.6	6.60	16.4	7.20	34.7	7.80	45.3		
6.20	8.1	6.80	22.4	7.40	39.1	8.00	46.7		
50mL H_3BO_3 和 HCl 各为 0.1 mol/L 的溶液中加 x mL 0.1mol/L 的 NaOH,稀释至 100mL									
pH 值	x	pH 值	x	pH 值	x	pH 值	x		
8.00	3.9	8.60	11.8	9.20	26.4	9.80	40.6		
8.20	6.0	8.80	15.8	9.40	32.1	10.00	43.7		
8.40	8.6	9.00	20.8	9.60	36.9	10.20	46.2		

附录7　几种常用的酸碱指示剂

附表7

指示剂	变色范围(pH)及颜色	配制方法
甲基紫	(黄)0.1~1.5(蓝)	0.1g 甲基紫溶于100mL水中
溴酚蓝	(黄)3.0~4.6(蓝)	0.1g 溴酚蓝溶于100mL 20%乙醇中
甲基橙	(红)3.0~4.4(黄)	0.1g 甲基橙溶于100mL水中
溴甲酚绿	(黄)3.8~5.4(蓝)	0.1g 溴甲酚绿溶于100mL 20%乙醇中
甲基红	(红)4.2~6.2(黄)	0.1g 甲基红溶于100mL 60%乙醇中
溴百里酚蓝	(黄)6.0~7.6(蓝)	0.1g 溴百里酚蓝溶于100mL 20%乙醇中
酚红	(黄)6.8~8.4(红)	0.1g 酚红溶于100mL 20%乙醇中
中性红	(红)6.8~8.0(黄)	0.1g 中性红溶于100mL 60%乙醇中
酚酞	(无)8.2~10.0(红)	0.1g 酚酞溶于100mL 60%乙醇中
百里酚酞	(无)9.3~10.5(蓝)	0.1g 百里酚酞溶于100mL 90%乙醇中

附录8　混合酸碱指示剂

附表8

指示剂溶液的组成	变色点 pH 值	颜色		备注
		酸色	碱色	
1份0.1% 甲基黄乙醇溶液 1份0.1% 亚甲基蓝乙醇溶液	3.25	蓝紫	绿	pH=3.4 绿色 pH=3.2 蓝紫色
1份0.1% 甲基橙水溶液 1份0.25% 靛蓝二磺酸钠水溶液	4.1	紫	黄绿	
3份0.1% 溴甲酚绿乙醇溶液 1份0.2% 甲基红乙醇溶液	5.1	酒红	绿	
1份0.1% 溴甲酚绿钠盐水溶液 1份0.1% 氯酚红钠盐水溶液	6.1	黄绿	蓝紫	pH=5.4 蓝紫色 pH=5.8 蓝色 pH=6.0 蓝带紫 pH=6.2 蓝紫
1份0.1% 中性红乙醇溶液 1份0.1% 亚甲基蓝乙醇溶液	7.0	蓝紫	绿	pH=7.0 紫蓝
1份0.1% 甲基红钠盐水溶液 3份0.1% 百里酚蓝钠盐水溶液	8.3	黄	紫	pH=8.2 玫瑰色 pH=8.4 清晰紫色
1份0.1% 百里酚蓝50%乙醇溶液 3份0.1% 酚酞50%乙醇溶液	9.0	黄	紫	从黄到绿再到紫
2份0.1% 百里酚酞乙醇溶液 1份0.1% 茜素黄乙醇溶液	10.2	黄	紫	

附录9 标准电极电势(298.15K)

(1)在酸性溶液中

附表9-1

氧化还原电对	半反应	E^{θ} / V
	氧化型 + ne^- ⇌ 还原型	
Li^+/Li	$Li^+ + e^- \rightleftharpoons Li$	-3.0401
Cs^+/Cs	$Cs^+ + e^- \rightleftharpoons Cs$	-3.026
Rb^+/Rb	$Rb^+ + e^- \rightleftharpoons Rb$	-2.98
K^+/K	$K^+ + e^- \rightleftharpoons K$	-2.931
Ba^{2+}/Ba	$Ba^{2+} + 2e^- \rightleftharpoons Ba$	-2.912
Sr^{2+}/Sr	$Sr^{2+} + 2e^- \rightleftharpoons Sr$	-2.89
Ca^{2+}/Ca	$Ca^{2+} + 2e^- \rightleftharpoons Ca$	-2.868
Na^+/Na	$Na^+ + e^- \rightleftharpoons Na$	-2.71
Mg^{2+}/Mg	$Mg^{2+} + 2e^- \rightleftharpoons Mg$	-2.372
H_2/H^-	$1/2 H_2 + e^- \rightleftharpoons H^-$	-2.23
Sc^{3+}/Sc	$Sc^{3+} + 3e^- \rightleftharpoons Sc$	-2.077
$[AlF_6]^{3-}/Al$	$[AlF_6]^{3-} + 3e^- \rightleftharpoons Al + 6F^-$	-2.069
Be^{2+}/Be	$Be^{2+} + 2e^- \rightleftharpoons Be$	-1.847
Al^{3+}/Al	$Al^{3+} + 3e^- \rightleftharpoons Al$	-1.662
Ti^{2+}/Ti	$Ti^{2+} + 2e^- \rightleftharpoons Ti$	-1.630
Ti^{3+}/Ti	$Ti^{3+} + 3e^- \rightleftharpoons Ti$	-1.37
$[SiF_6]^{2-}/Si$	$[SiF_6]^{2-} + 4e^- \rightleftharpoons Si + 6F^-$	-1.24
Mn^{2+}/Mn	$Mn^{2+} + 2e^- \rightleftharpoons Mn$	-1.185
V^{2+}/V	$V^{2+} + 2e^- \rightleftharpoons V$	-1.175
Cr^{2+}/Cr	$Cr^{2+} + 2e^- \rightleftharpoons Cr$	-0.913
H_3BO_3/B	$H_3BO_3 + 3H^+ + 3e^- \rightleftharpoons B + 3H_2O$	-0.8698

续上表

氧化还原电对	半反应	E^{θ} / V
	氧化型 + ne^- ⇌ 还原型	
Zn^{2+}/Zn	$Zn^{2+} + 2e^- \rightleftharpoons Zn$	−0.7618
Cr^{3+}/Cr	$Cr^{3+} + 3e^- \rightleftharpoons Cr$	−0.744
As/AsH_3	$As + 3H^+ + 3e^- \rightleftharpoons AsH_3$	−0.608
Ga^{3+}/Ga	$Ga^{3+} + 3e^- \rightleftharpoons Ga$	−0.549
H_3PO_2/P	$H_3PO_2 + H^+ + e^- \rightleftharpoons P + 2H_2O$	−0.508
TiO_2/Ti^{2+}	$TiO_2 + 4H^+ + 2e^- \rightleftharpoons Ti^{2+} + 2H_2O$	−0.502
Fe^{2+}/Fe	$Fe^{2+} + 2e^- \rightleftharpoons Fe$	−0.447
Cr^{3+}/Cr^{2+}	$Cr^{3+} + e^- \rightleftharpoons Cr^{2+}$	−0.407
Cd^{2+}/Cd	$Cd^{2+} + 2e^- \rightleftharpoons Cd$	−0.403
PbI_2/Pb	$PbI_2 + 2e^- \rightleftharpoons Pb + 2I^-$	−0.365
Cd^{2+}/Cd	$Cd^{2+} + 2e^- \rightleftharpoons Cd$	−0.403
$PbSO_4/Pb$	$PbSO_4 + 2e^- \rightleftharpoons Pb + SO_4^{2-}$	−0.3588
Co^{2+}/Co	$Co^{2+} + 2e^- \rightleftharpoons Co$	−0.28
H_3PO_4/H_3PO_3	$H_3PO_4 + 2H^+ + 2e^- \rightleftharpoons H_3PO_3 + H_2O$	−0.276
Ni^{2+}/Ni	$Ni^{2+} + 2e^- \rightleftharpoons Ni$	−0.257
CuI/Cu	$CuI + e^- \rightleftharpoons Cu + I^-$	−0.180
AgI/Ag	$AgI + e^- \rightleftharpoons Ag + I^-$	−0.1522
Sn^{2+}/Sn	$Sn^{2+} + 2e^- \rightleftharpoons Sn$	−0.1375
Pb^{2+}/Pb	$Pb^{2+} + 2e^- \rightleftharpoons Pb$	−0.1262
$P(红)/PH_3$	$P(红) + 3H^+ + 3e^- \rightleftharpoons PH_3(g)$	−0.111
WO_3/W	$WO_3 + 6H^+ + 6e^- \rightleftharpoons W + 3H_2O$	−0.090
Fe^{3+}/Fe	$Fe^{3+} + 3e^- \rightleftharpoons Fe$	−0.037
H^+/H_2	$2H^+ + 2e^- \rightleftharpoons H_2$	0.0000
$AgBr/Ag$	$AgBr + e^- \rightleftharpoons Ag + Br^-$	0.07133
$S_4O_6^{2-}/S_2O_3^{2-}$	$S_4O_6^{2-} + 2e^- \rightleftharpoons 2S_2O_3^{2-}$	0.08
S/H_2S	$S + 2H^+ + 2e^- \rightleftharpoons H_2S(水溶液)$	0.142
Sn^{4+}/Sn^{2+}	$Sn^{4+} + 2e^- \rightleftharpoons Sn^{2+}$	0.151

续上表

氧化还原电对	半反应 氧化型 + ne^- ⇌ 还原型	E^θ / V
Cu^{2+}/Cu^+	$Cu^{2+} + e^- \rightleftharpoons Cu^+$	0.153
SO_4^{2-}/H_2SO_3	$SO_4^{2-} + 4H^+ + 2e^- \rightleftharpoons H_2SO_3 + H_2O$	0.172
$AgCl/Ag$	$AgCl + e^- \rightleftharpoons Ag + Cl^-$	0.2223
Hg_2Cl_2/Hg	$Hg_2Cl_2 + 2e^- \rightleftharpoons 2Hg + 2Cl^-$	0.2681
Bi^{3+}/Bi	$Bi^{3+} + 3e^- \rightleftharpoons Bi$	0.308
VO^{2+}/V^{3+}	$VO^{2+} + 2H^+ + e^- \rightleftharpoons V^{3+} + H_2O$	0.337
Cu^{2+}/Cu	$Cu^{2+} + 2e^- \rightleftharpoons Cd$	0.3419
$[Fe(CN)_6]^{3-}/[Fe(CN)_6]^{4-}$	$[Fe(CN)_6]^{3-} + e^- \rightleftharpoons [Fe(CN)_6]^{4-}$	0.358
$H_2SO_3/S_2O_3^{2-}$	$2H_2SO_3 + 2H^+ + 4e^- \rightleftharpoons S_2O_3^{2-} + 3H_2O$	0.4101
Ag_2CrO_4/Ag	$Ag_2CrO_4 + 2e^- \rightleftharpoons 2Ag + CrO_4^{2-}$	0.447
H_2SO_3/S	$H_2SO_3 + 4H^+ + 4e^- \rightleftharpoons S + 3H_2O$	0.449
Cu^+/Cu	$Cu^+ + e^- \rightleftharpoons Cu$	0.521
I_2/I^-	$I_2 + 2e^- \rightleftharpoons 2I^-$	0.5355
MnO_4^-/MnO_4^{2-}	$MnO_4^- + e^- \rightleftharpoons MnO_4^{2-}$	0.558
H_3AsO_4/H_3AsO_3	$H_3AsO_4 + 2H^+ + 2e^- \rightleftharpoons H_3AsO_3 + H_2O$	0.560
Sb_2O_5/SbO^+	$Sb_2O_5 + 6H^+ + 4e^- \rightleftharpoons 2SbO^+ + 3H_2O$	0.581
O_2/H_2O_2	$O_2 + 2H^+ + 2e^- \rightleftharpoons H_2O_2$	0.695
Fe^{3+}/Fe^{2+}	$Fe^{3+} + e^- \rightleftharpoons Fe^{2+}$	0.771
Hg_2^{2+}/Hg	$Hg_2^{2+} + 2e^- \rightleftharpoons 2Hg$	0.7973
Ag^+/Ag	$Ag^+ + e^- \rightleftharpoons Ag$	0.7996
NO_3^-/N_2O_4	$2NO_3^- + 4H^+ + 2e^- \rightleftharpoons N_2O_4 + 2H_2O$	0.803
Hg^{2+}/Hg	$Hg^{2+} + 2e^- \rightleftharpoons Hg$	0.851
Hg^{2+}/Hg_2^{2+}	$2Hg^{2+} + 2e^- \rightleftharpoons Hg_2^{2+}$	0.920
NO_3^-/HNO_2	$NO_3^- + 3H^+ + 2e^- \rightleftharpoons HNO_2 + H_2O$	0.934
NO_3^-/NO	$NO_3^- + 4H^+ + 3e^- \rightleftharpoons NO + 2H_2O$	0.957
HNO_2/NO	$HNO_2 + H^+ + e^- \rightleftharpoons NO + H_2O$	0.983
HIO/I^-	$HIO + H^+ + 2e^- \rightleftharpoons I^- + H_2O$	0.987
Br_2/Br^-	$Br_2 + 2e^- \rightleftharpoons 2Br^-$	1.066
IO_3^-/I^-	$IO_3^- + 6H^+ + 6e^- \rightleftharpoons I^- + 3H_2O$	1.085

续上表

氧化还原电对	半反应 氧化型 + ne^- ⇌ 还原型	E^θ / V
SeO_4^{2-}/H_2SeO_3	$SeO_4^{2-} + 4H^+ + 2e^- \rightleftharpoons H_2SeO_3 + H_2O$	1.151
ClO_3^-/ClO_2	$ClO_3^- + 2H^+ + e^- \rightleftharpoons ClO_2 + H_2O$	1.152
ClO_4^-/ClO_3^-	$ClO_4^- + 2H^+ + 2e^- \rightleftharpoons ClO_3^- + H_2O$	1.189
IO_3^-/I_2	$IO_3^- + 6H^+ + 5e^- \rightleftharpoons 1/2 I_2 + 3H_2O$	1.195
MnO_2/Mn^{2+}	$MnO_2 + 4H^+ + 2e^- \rightleftharpoons Mn^{2+} + 2H_2O$	1.224
O_2/H_2O	$O_2 + 4H^+ + 4e^- \rightleftharpoons 2H_2O$	1.229
$Cr_2O_7^{2-}/Cr^{3+}$	$Cr_2O_7^{2-} + 14H^+ + 6e^- \rightleftharpoons Cr^{3+} + 7H_2O$	1.232
Cl_2/Cl^-	$Cl_2 + 2e^- \rightleftharpoons 2Cl^-$	1.3583
ClO_4^-/Cl^-	$ClO_4^- + 8H^+ + 8e^- \rightleftharpoons Cl^- + 4H_2O$	1.389
BrO_3^-/Br^-	$BrO_3^- + 6H^+ + 6e^- \rightleftharpoons Br^- + 3H_2O$	1.423
ClO_3^-/Cl^-	$ClO_3^- + 6H^+ + 6e^- \rightleftharpoons Cl^- + 3H_2O$	1.4531
PbO_2/Pb^{2+}	$PbO_2 + 4H^+ + 2e^- \rightleftharpoons Pb^{2+} + 2H_2O$	1.455
ClO_3^-/Cl_2	$ClO_3^- + 6H^+ + 5e^- \rightleftharpoons 1/2 Cl_2 + 3H_2O$	1.47
$HClO/Cl^-$	$HClO + H^+ + 2e^- \rightleftharpoons Cl^- + H_2O$	1.482
BrO_3^-/Br_2	$BrO_3^- + 6H^+ + 5e^- \rightleftharpoons 1/2 Br_2 + 3H_2O$	1.482
Au^{3+}/Au	$Au^{3+} + 3e^- \rightleftharpoons Au$	1.498
MnO_4^-/Mn^{2+}	$MnO_4^- + 8H^+ + 5e^- \rightleftharpoons Mn^{2+} + 4H_2O$	1.507
$HClO_2/Cl^-$	$HClO_2 + 3H^+ + 4e^- \rightleftharpoons Cl^- + 2H_2O$	1.570
$NaBiO_3/Bi^{3+}$	$NaBiO_3 + 6H^+ + 2e^- \rightleftharpoons Bi^{3+} + Na^+ + 3H_2O$	1.60
H_5IO_6/IO_3^-	$H_5IO_6 + H^+ + 2e^- \rightleftharpoons IO_3^- + 3H_2O$	1.601
HCl/Cl_2	$2HClO + 2H^+ + 2e^- \rightleftharpoons Cl_2 + 2H_2O$	1.611
NiO_2/Ni^{2+}	$NiO_2 + 4H^+ + 2e^- \rightleftharpoons Ni^{2+} + 2H_2O$	1.678
Au^+/Au	$Au^+ + e^- \rightleftharpoons Au$	1.692
MnO_4^-/MnO_2	$MnO_4^- + 4H^+ + 3e^- \rightleftharpoons MnO_2 + 2H_2O$	1.696
H_2O_2/H_2O	$H_2O_2 + 2H^+ + 2e^- \rightleftharpoons 2H_2O$	1.776
Co^{3+}/Co^{2+}	$Co^{3+} + e^- \rightleftharpoons Co^{2+}$	1.92
$S_2O_8^{2-}/SO_4^{2-}$	$S_2O_8^{2-} + 2e^- \rightleftharpoons 2SO_4^{2-}$	2.010

续上表

氧化还原电对	半反应 氧化型 + ne^- ⇌ 还原型	E^θ / V
O_3/O_2	$O_3 + 2H^+ + 2e^- \rightleftharpoons O_2 + H_2O$	2.076
F_2/F^-	$F_2 + 2e^- \rightleftharpoons 2F^-$	2.866

(2)在碱性溶液中

附表 9-2

氧化还原电对	半反应 氧化型 + ne^- ⇌ 还原型	E^θ / V
$Ca(OH)_2/Ca$	$Ca(OH)_2 + 2e^- \rightleftharpoons Ca + 2OH^-$	-3.02
$Ba(OH)_2/Ba$	$Ba(OH)_2 + 2e^- \rightleftharpoons Ba + 2OH^-$	-2.99
$Sr(OH)_2/Sr$	$Sr(OH)_2 + 2e^- \rightleftharpoons Sr + 2OH^-$	-2.88
$Mg(OH)_2/Mg$	$Mg(OH)_2 + 2e^- \rightleftharpoons Mg + 2OH^-$	-2.690
$[Al(OH)_4]^-/Al$	$[Al(OH)_4]^- + 3e^- \rightleftharpoons Al + 4OH^-$	-2.328
$Al(OH)_3/Al$	$Al(OH)_3 + 3e^- \rightleftharpoons Al + 3OH^-$	-2.31
$Mn(OH)_2/Mn$	$Mn(OH)_2 + 2e^- \rightleftharpoons Mn + 2OH^-$	-1.56
$Cr(OH)_3/Cr$	$Cr(OH)_3 + 3e^- \rightleftharpoons Cr + 3OH^-$	-1.48
$Zn(OH)_2/Zn$	$Zn(OH)_2 + 2e^- \rightleftharpoons Zn + 2OH^-$	-1.249
PO_4^{3-}/HPO_3^{2-}	$PO_4^{3-} + 2H_2O + 2e^- \rightleftharpoons HPO_3^{2-} + 3OH^-$	-1.05
$[Sn(OH)_6]^{2-}/HSnO_2^-$	$[Sn(OH)_6]^{2-} + 2e^- \rightleftharpoons HSnO_2^- + 3OH^- + H_2O$	-0.93
SO_4^{2-}/SO_3^{2-}	$SO_4^{2-} + H_2O + 2e^- \rightleftharpoons SO_3^{2-} + 2OH^-$	-0.93
$Fe(OH)_2/Fe$	$Fe(OH)_2 + 2e^- \rightleftharpoons Fe + 2OH^-$	-0.8914
P/PH_3	$P + 3H_2O + 3e^- \rightleftharpoons PH_3 + 3OH^-$	-0.87
NO_3^-/N_2O_4	$2NO_3^- + 2H_2O + 2e^- \rightleftharpoons N_2O_4 + 4OH^-$	-0.85
H_2O/H_2	$2H_2O + 2e^- \rightleftharpoons H_2 + 2OH^-$	-0.8277
$Co(OH)_2/Co$	$Co(OH)_2 + 2e^- \rightleftharpoons Co + 2OH^-$	-0.73
$Ni(OH)_2/Ni$	$Ni(OH)_2 + 2e^- \rightleftharpoons Ni + 2OH^-$	-0.72
AsO_4^{3-}/AsO_2^-	$AsO_4^{3-} + 2H_2O + 2e^- \rightleftharpoons AsO_2^- + 4OH^-$	-0.71
AsO_2^-/As	$AsO_2^- + 2H_2O + 3e^- \rightleftharpoons As + 4OH^-$	-0.68
SO_3^{2-}/S^{2-}	$SO_3^{2-} + 3H_2O + 6e^- \rightleftharpoons S^{2-} + 6OH^-$	-0.61

续上表

氧化还原电对	半反应	E^{θ} / V
	氧化型 + ne^- ⇌ 还原型	
$SO_3^{2-}/S_2O_3^{2-}$	$2SO_3^{2-} + 3H_2O + 4e^- \rightleftharpoons S_2O_3^{2-} + 6OH^-$	−0.571
$Fe(OH)_3/Fe(OH)_2$	$Fe(OH)_3 + e^- \rightleftharpoons Fe(OH)_2 + OH^-$	−0.56
S/S^{2-}	$S + 2e^- \rightleftharpoons S^{2-}$	−0.4763
NO_2^-/NO	$NO_2^- + H_2O + e^- \rightleftharpoons NO + 2OH^-$	−0.46
$Cu(OH)_2/Cu$	$Cu(OH)_2 + 2e^- \rightleftharpoons Cu + 2OH^-$	−0.222
$CrO_4^{2-}/Cr(OH)_3$	$CrO_4^{2-} + 4H_2O + 3e^- \rightleftharpoons Cr(OH)_3 + 5OH^-$	−0.13
O_2/HO_2^-	$O_2 + H_2O + 2e^- \rightleftharpoons HO_2^- + OH^-$	−0.076
$MnO_2/Mn(OH)_2$	$MnO_2 + 2H_2O + 2e^- \rightleftharpoons Mn(OH)_2 + 2OH^-$	−0.0514
NO_3^-/NO_2^-	$NO_3^- + H_2O + 2e^- \rightleftharpoons NO_2^- + 2OH^-$	0.01
$[Co(NH_4)_6]^{3+}/[Co(NH_4)_6]^{2+}$	$[Co(NH_4)_6]^{3+} + e^- \rightleftharpoons [Co(NH_4)_6]^{2+}$	0.108
$Co(OH)_3/Co(OH)_2$	$Co(OH)_3 + e^- \rightleftharpoons Co(OH)_2 + OH^-$	0.17
IO_3^-/I^-	$IO_3^- + 3H_2O + 6e^- \rightleftharpoons I^- + 6OH^-$	0.26
Ag_2O/Ag	$Ag_2O + H_2O + 2e^- \rightleftharpoons 2Ag + 2OH^-$	0.342
ClO_4^-/ClO_3^-	$ClO_4^- + H_2O + 2e^- \rightleftharpoons ClO_3^- + 2OH^-$	0.36
O_2/OH^-	$O_2 + 2H_2O + 4e^- \rightleftharpoons 4OH^-$	0.401
$NiO_2/Ni(OH)_2$	$NiO_2 + 2H_2O + 2e^- \rightleftharpoons Ni(OH)_2 + 2OH^-$	0.490
MnO_4^-/MnO_2	$MnO_4^- + 2H_2O + 3e^- \rightleftharpoons MnO_2 + 4OH^-$	0.595
MnO_4^{2-}/MnO_2	$MnO_4^{2-} + 2H_2O + 2e^- \rightleftharpoons MnO_2 + 4OH^-$	0.60
BrO_3^-/Br^-	$BrO_3^- + 3H_2O + 6e^- \rightleftharpoons Br^- + 6OH^-$	0.61
ClO_3^-/Cl^-	$ClO_3^- + 3H_2O + 6e^- \rightleftharpoons Cl^- + 6OH^-$	0.62
ClO_2^-/ClO^-	$ClO_2^- + H_2O + 2e^- \rightleftharpoons ClO^- + 2OH^-$	0.66
$H_3IO_6^{2-}/IO_3^-$	$H_3IO_6^{2-} + 2e^- \rightleftharpoons IO_3^- + 3OH^-$	0.7
ClO_2^-/Cl^-	$ClO_2^- + 2H_2O + 4e^- \rightleftharpoons Cl^- + 4OH^-$	0.76
ClO^-/Cl^-	$ClO^- + H_2O + 2e^- \rightleftharpoons Cl^- + 2OH^-$	0.841
HO_2^-/OH^-	$HO_2^- + H_2O + 2e^- \rightleftharpoons 3OH^-$	0.878
O_3/O_2	$O_3 + H_2O + 2e^- \rightleftharpoons O_2 + 2OH^-$	1.24

参 考 文 献

[1] 古国榜,李朴,展树中.无机化学实验[M].北京:化学工业出版社,2009.
[2] 交通部公路科学研究所.JTG E51—2009 公路工程无机结合料稳定材料试验规程[S].北京:人民交通出版社,2009.
[3] 吴江.大学基础化学实验[M].北京:化学工业出版社,2005.
[4] 浙江大学普通化学教研室.普通化学实验[M].3版.北京:高等教育出版社,1996.
[5] 钟佩珩,郭璇华,黄如杕,等.分析化学[M].北京:化学工业出版社,2001.
[6] 天津大学无机化学教研室.无机化学[M].北京:高等教育出版社,2002.